마요네즈 길라잡이

마요네즈 길라잡이

발행일	2022년 8월 19일		
지은이	차가성		
펴낸이	손형국		
펴낸곳	(주)북랩		
편집인	선일영	편집	정두철, 배진용, 김현아, 박준, 장하영
디자인	이현수, 김민하, 김영주, 안유경	제작	박기성, 황동현, 구성우, 권태련
마케팅	김회란, 박진관		
출판등록	2004. 12. 1(제2012-000051호)		
주소	서울특별시 금천구 가산디지털 1로 168, 우림라이온스밸리 B동 B113~114호, C동 B101호		
홈페이지	www.book.co.kr		
전화번호	(02)2026-5777	팩스	(02)2026-5747

ISBN   979-11-6836-442-4 03570 (종이책)   979-11-6836-443-1 53570 (전자책)

마요네즈 연구 및 생산의 이론과 실무

마요네즈 길라잡이

차가성 지음

식품 외길을 걸어온
전직 마요네즈 연구원이 전하는
마요네즈의 A to Z

 북랩

머리글

우리나라에 마요네즈가 처음 소개된 것은 지금으로부터 약 120년 전인 개화기(開化期) 때였으며, 본격적으로 소비되기 시작한 것은 1980년대부터였다. 이후 경제의 발전에 따른 국민소득의 증대와 함께 마요네즈 시장은 성장하였으며, 2000년대에 들어서면서 성숙기에 도달하였다.

2010년대 이후 소비자용 마요네즈의 매출액은 완만한 감소 경향을 보이고 있으나, 마요네즈를 사용한 샐러드, 피자토핑, 조리빵 등의 응용제품은 성장세를 보이고 있어 업무용 마요네즈의 생산량은 증가하고 있다. 따라서 마요네즈는 식품 분야에서 여전히 중요한 위치를 차지하고 있다.

원래 서양의 소스이던 마요네즈가 이제는 우리의 각 가정에서도 항상 냉장고에 비치해 둘 정도로 우리의 일상 속에 널리 침투하여 마치 원래부터 우리의 식품이었던 것처럼 여겨지게 되었다.

이처럼 널리 보급되었고 자주 먹게 되는 마요네즈이지만 의외로 마요네즈에 대해 잘 알고 있는 사람은 드물며, 학교에서도 제대로 배울 기회가 거의 없는 것이 현실이다.

대학에서 식품공학을 전공한 저자 역시 축산물인 계란을 이용한 가공품 중에 마요네즈가 있다는 정도로 교재에서 두세 줄 언급한 것을 읽은 것이 전부였다. 요리책이나 요리학원에서 마요네즈 만드는 방법과 함께 마요네즈에 대해 이런저런 설명을 하기도 하나 체계적이지 않고 때로는 틀린 정보를 제공하는 경우도 있어 잘못된 상식이 사실인 것처럼 알려져 있기도 하다.

인류는 오랜 생존의 역사 속에서 각 세대에 맞는 역할을 하는 사회적 집단으로 진화하였다. 인류는 지구상에 등장한 이래 어린 시절은 앞으로의 생존에 필수적인 지식과 기술을 습득하는 데 대부분의 시간을 보냈으며, 어느 정도 성장한 후에는 사냥이나 채집, 농사 등으로 무리가 살아가는데 필요한 노동력을 제공하였다. 나이가 들어 직접 노동력을 보태기 어려워지면 자신의 경험이나 지식을 후대에게 전수해주어 무리가 생존하는 데 기여하였다.

이것은 문명이 발달한 현대에도 근본적으로 변하지 않았다. 태어나서 학생 시절을 마칠 때까지는 경제활동보다는 주로 사회에 진출하기 위한 준비를 하며, 이는 한 사람의 일생에서 제1기에 해당한다. 제2기는 직업을 가지고 경제활동을 활발히 하는 시기이며, 경제활동에서 벗어나 일생을 마무리하는 은퇴 이후의 시기는 제3기라 하겠다.

학생을 가르치거나 학예(學藝)나 기예(技藝) 등을 남에게 가르치는 사람을 가리켜 선생님이라 한다. 한자 선생(先生)은 '먼저 선(先)'과 '날 생(生)'이 합쳐진 말로서 '먼저 태어난 사람', '나이가 많은 사람', '경험이 많은 사람'이란 의미가 변하여 '가르치는 사람'이 된 것이다.

나이를 먹게 되면 자신도 모르는 사이에 '꼰대' 소리를 들으면서도 "나 때는 말이야" 하며 젊은이에게 무언가를 알려주고 싶어 한다. 이는 인류의 DNA에 각인된 것으로서 아무도 피해 갈 수 없는 일이다. 저자 역시 인류의 오랜 진화의 굴레에서 자유롭지 못하여, 일생의 제3기에 들어서면서 자신의 경험과 지식을 후대에게 전한다는 본능에 이끌려 이 책을 쓰게 되었다.

저자의 약 40년간의 직장생활은 대부분 마요네즈와 함께하였다. 저자의 경험과 지식의 중심에는 마요네즈가 있으며, 그 주변에 직장생활을 통해 알게 된 이런저런 것들이 존재한다. 이 책은 마요네즈에 대한 전반적인 내용을 저자의 경험을 중심으로 서술하였다.

이 책은 저자의 뒤를 이어 마요네즈 연구의 길로 들어선 후배들에게 길라잡이가 되고, 업무의 시행착오를 줄이는 데 조금이라도 도움이 되었으면 하는 바람으로 쓰게 되었으며, 아울러 마요네즈와 관련된 분야에 종사하는 사람들을 위하여 마요네즈 실무에 필요한 내용들도 정리하였다.

이 책은 학술적이고 전문적인 내용보다는 마요네즈에 대한 전반적인 이해를 돕기 위한 입문서이자 연구 및 생산을 위한 실무 지침서 성격으로 저술되었다. 저자의 능력 부족으로 좀 더 자세하고 이론적으로 확립된 내용을 기록하지 못한 것은 유감으로 생각하며, 후배들이 보완해주기를 기대한다.

아울러 마요네즈란 무엇인가?, 마요네즈는 어떻게 만드는가?, 마요네즈의 유통기한은 어떻게 되는가? 등등 마요네즈와 관련된 일을 하지 않는 일반인이라도 알아두면 좋을 상식에 관한 내용도 포함되어 있으므로 마요네즈에 관심이 있는 사람이라면 누구라도 읽고 참고하기를 바란다.

차례

ALL
about
Mayonnaise

01

나와
마요네즈

01

나와 마요네즈

나와 마요네즈의 첫 만남은 사춘기 소년의 첫눈에 반한 짝사랑처럼 이루어졌다. 1972년 어느 날 같은 반 친구의 생일파티에 초대받아 갔다. 그곳에서 나는 그때까지 먹어 본 적이 없는 아주 맛있는 음식을 먹었다. 그것은 여러 가지 과일과 채소를 적당한 크기로 잘라서 섞은 것에 우유를 부어놓은 것과 같은 모양을 하고 있었다.

그로부터 약 50년이 지난 지금에는 나를 초대하였던 친구가 누구였는지, 그날 함께 나왔던 다른 음식들은 무엇이었는지 하나도 기억이 나지 않는다. 그러나 혀끝을 감도는 그때 그 맛의 감동은 아직도 뇌리에 생생하다. 작은 자존심에 물어보지도 못하고 나는 그 음식이 무엇인지 모르는 채 잊고 지내게 되었다.

　고등학교를 졸업하고 대학교에서 식품공학을 전공한 나는 대학교 졸업을 앞둔 1981년 12월 ㈜오뚜기에 입사하게 되었다. 그리고 그 회사에서 나는 약 10년 만에 마요네즈와 운명처럼 다시 만나게 되었다. 그리고 그 후로 약 40년 동안 마요네즈는 나의 동반자가 되었다.

　신입사원 연수를 마치고 1982년 1월에 마요네즈 담당 연구원이 된 이후 회사의 전보 명령에 의해 생산부서를 비롯하여 자재부, 해외영업부 등 여러 부서를 경험하였으나, 그때도 마요네즈를 잊은 적은 없었다. 오히려 연구소가 아닌 다른 부서의 경험은 마요네즈를 폭넓게 이해하는 데 도움이 되었다.

　오뚜기를 떠나서 2003년에 샐러드 전문 회사인 ㈜엠디에스코리아의 연구소장을 맡게 된 것은 또 다른 경험이었다. 연구원의 입장이 아닌 임원이자 소장으로서 바라본 마요네즈는 새로운 모습을 보여주었다. 엠디에스코리아에서도 계속 연구소장만 한 것은 아니며 여러 가지 업무를 담당하게 되었으나, 오히려 마요네즈를 여러 관점에서 바라볼 수 있는 계기가 되었다.

　과학 용어 중에 '나비효과(butterfly effect)'라는 것이 있다. 미국의 기상학자 에드워드 노턴 로렌즈(Edward Norton Lorenz)가 1961년에 기상관측을 하다가 생각해낸 이 원리는 나비의 날갯짓처럼 작은 변화가 폭풍우와 같은 커다란 변화를 유발시킬 수 있다는 것이다. 흔히 "브라질에서 나비의 날갯짓이 텍사스에서 토네이도를 일으킨다"라는 비유를 하곤 한다.

일찍이 1947년에 시인 서정주는 '국화 옆에서'라는 시에서 "한 송이 국화꽃을 피우기 위하여 봄부터 소쩍새는 그렇게 울었나 보다"라고 읊었다. 소쩍새가 봄에 운 것과 가을에 국화꽃이 피는 것 사이에는 아무런 연관성이 없어 보이는데, 그 사이의 인과관계를 꿰뚫어 본 시인의 통찰력이 놀랍다.

마요네즈의 경우에도 이와 비슷한 일이 발생한다. 우리나라와 멀리 떨어진 남미의 브라질에 비가 내리지 않아 가뭄이 발생하였다는 뉴스를 접하게 되면 대두유 가격이 오를 것에 대비하여야 한다. 브라질은 세계 2위의 대두 생산국이며, 수출 물량은 1위다. 따라서 브라질의 대두 작황은 국제 대두 시세에 큰 영향을 주게 된다. 이는 곧바로 대두유의 국제 시세에 반영되고, 100% 수입에 의존하는 국내 대두유 가격도 오를 수밖에 없다. 이런 사실은 내가 자재부장을 하지 않았다면 몰랐을 내용이다.

새로 회사에 입사한 신입사원은 선임자에게 배우게 된다. 그러나 도움을 줄 선임자가 없는 경우라면 무엇부터 시작하여야 할지 막막한 기분이 들게 된다. 내가 오뚜기의 연구원으로 입사하여 마요네즈를 담당하게 되었을 때가 딱 그런 상태였다. 1980년대 초에는 국내에서 마요네즈를 체계적으로 연구한 사람이 없었으며, 마땅한 참고서적도 없었다.

다행히 회사에서 일본의 마요네즈 최대 메이커인 큐피주식회사(キユーピー株式会社)와 기술제휴(技術提携) 계약을 맺어, 그들의 선진기술을 배울 수 있었다. 계약에 따라 지정된 큐피 측의 오뚜기 기술지도 책임자는 큐피연구소의 소장을 역임하기도 하였던 이마이 추헤이(今井忠平, いまいちゅうへい) 박사였다.

그는 도쿄수산대학(東京水産大學)을 졸업하였으나, 박사학위는 농학박사며, 전문분야는 계란과 미생물이었다. 나의 첫 번째 마요네즈 선생님이었던 그는 격식을 따지지 않는 성격이었으며, 한국 및 오뚜기에 대해서는 상당히 호의적인 편이었다. 그는 자신이 알고 있는 것을 모두 알려주고 싶어 하였다.

오뚜기는 1972년에 자체적으로 마요네즈를 생산하였으나, 마요네즈의 품질관리 기법도 잘 몰랐고, 미생물에 대한 지식도 별로 없었기 때문에 미생물과 관련된 클레임이 빈번하였었다. 그는 이 문제를 제일 먼저 해결해 주었다. 그 외에도 마요네즈의 분리 현상, 점도, 산패(酸敗) 등 마요네즈의 생산과 품질관리에 필요한 기초 지식을 전수해 주었다.

당시 오뚜기 연구소에 마요네즈 담당은 나뿐이었으므로 이 모든 지식을 직접 배울 수 있는 기회가 되었으나, 일본어 실력이 부

족하여 정확히 이해하지 못한 것은 지금도 아쉬움으로 남는다. 그에게서 받은 자필 사인이 들어간 저서 『マヨネーズ·ドレッシング入門(마요네즈·드레싱 입문)』은 내가 마요네즈를 공부하는 데 참고서의 역할을 하게 되었다.

나의 신입사원 시절은 '골드마요네스'의 개발과 개선에 대부분의 시간을 보냈다. 처음에는 품질을 향상시키기 위해 난황의 첨가량을 증가시키는 방향으로 검토하였다. 그러나 이것은 맛이나 품질에서는 기존의 '후레시마요네스'에 비해 좋아졌으나, 제품 원가가 상승하고, 점도가 너무 높아 생산 현장에서 충전이 어려운 문제가 발생하였다.

이때 도움을 준 사람 역시 이마이(今井) 박사였다. 큐피는 이미 일본에서 베스트푸드마요네즈와 경쟁한 경험이 있었으며, 베스트푸드마요네즈와 유사한 품질의 제품도 자체적으로 생산하고 있었다. 그러나 이 제품은 오뚜기와의 기술제휴 계약 내용에 없는 사항이기 때문에 오뚜기가 어려움을 겪고 있는 것을 알면서도 가르쳐주지 않고 있었던 것이었다. 그는 옆에서 지켜보기 안타까웠는지 제대로 된 배합비는 아니나 힌트를 주었다.

그가 제시해준 방향은 난황을 증가시키는 것이 아니라 오히려 난백을 첨가하고, 배합 시에 믹서 내의 진공도(眞空度)를 낮추라는 것이었다. 이것으로 원가 상승과 점도 문제를 동시에 해결할 수 있었으나, 큐피 측의 오뚜기 기술지도 책임자가 교체되는 사태가 발생하였다. 큐피 본사의 입장에서는 추가 계약에 의해 로열티(royalty)를 받을 수도 있는 지식을 임의로 전수하였다는 것이었다.

교체된 두 번째 책임자는 큐피연구소에서 마요네즈팀장을 맡고 있던 고바야시 유키요시(小林幸芳)였다. 그도 도쿄수산대학을 졸업하였고, 그 대학에서 박사학위를 받았다. 그는 큐피에 입사하여 주로 마요네즈의 물성(物性)에 관한 연구를 하였다. 그는 사무라이를 연상시키는 전형적인 일본인이었으며, 전임자의 일도 있어서 계약 내용 외에는 지식을 전수하려고 하지 않았다.

그에게서는 주로 마요네즈의 물성에 대한 것을 배웠으며, 특히 난황의 효소(酵素)처리에 의한 마요네즈 물성 개선에 대한 지식을 전수받았다. 그러나 그에게서 배운 것은 이런 지식보다도 그가 몸으로 실천하여 보여준 연구원의 자세이며, 기록하고 정리하는 습관이었다. 그는 필요하면 술집에서 술을 마시다가도 마땅한 종이가 없으면 냅킨에라도 기록하였다가 다음 날이나 숙소에 돌아가서 옮겨 적을 정도였다.

기술제휴 계약에 의해 큐피의 직원이 오뚜기로 오기도 하였으나, 당연히 오뚜기에서 큐피로 가기도 하였다. 내가 처음 연수 출장을 간 것은 입사하여 채 2년이 못 되는 1983년이었다. 그 당시는 해외여행이 자유화되기 전이었으므로 관광 목적으로는 해외에

나갈 수 없었고, 유학이나 사업 등의 목적으로만 나갈 수 있었다. 따라서 해외로 나간다는 사실 자체가 즐거웠고, 연수 목적이 무엇이었는지도 잘 기억이 나지 않는다.

사실 그때의 내 일본어 실력으로는 무엇을 배운다는 것이 어려운 일이기도 하였다. 오뚜기에 입사한 이후 일본어가 필요하다는 것을 알고 바로 학원에 등록하기는 하였다. 그러나 당시에는 신입사원이 정시에 퇴근할 수 있는 직장 분위기가 아니었으므로, 1주일에 5일 있는 학원 수업시간 중 2일을 참석하면 다행일 정도였다. 계속 초급반만 반복하여 등록하였기 때문에 일본어라곤 인사말 정도 겨우 하는 수준이었다.

첫 출장에서는 수많은 실수 에피소드를 만들어냈으나 출장 횟수가 늘어남에 따라 일본어 실력도 늘었고, 큐피에서 가르쳐주지 않은 사항도 큐피 연구소 사원들과 함께 연구소 생활을 하면서 눈치껏 배울 수 있게 되었다. 이렇게 하여 탄생한 것이 오뚜기의 '1/2 하프마요'다. 이 제품은 내가 기본 배합비를 설정하였고, 연구소 후임자가 보완하여 1997년에 출시되었다.

1988년에 오뚜기와 마가린에 대한 기술제휴 관계에 있던 일본유지(日本油脂)의 쓰쿠바연구소(筑波研究所)에서 약 8개월간 연수를 한 경험은 나의 연구원 생활에 큰 도움을 주었다. 이 연구소는 일본유지의 기존제품과는 직접 관련이 없는 미래를 위한 기초연구 및 신소재연구를 목적으로 설립되었으며, 그곳에서 나는 연구를 하는 기본자세 및 방법에 대하여 배울 수 있었다. 마요네즈와 아무 관련이 없는 일본유지에 연수를 가게 된 것도 선진 연구소의 연구 경험을 쌓으라는 회사의 배려 때문이었다.

당시에는 일본에서 오메가3 지방산이 새롭게 주목받는 신소재로 떠오르던 시기였으며, 나는 객원연구원(客員硏究員)의 신분으로 주로 들기름에 관한 연구를 하게 되었다. 들기름은 우리나라에서는 오래전부터 식용으로 하고 있었으나, 일본에서는 식용으로 하지 않았으며, 식용유 중에서 오메가3 지방산인 리놀렌산(linolenic acid)의 함량이 많은 특징이 있다.

그전까지는 마요네즈의 원료로서 상온에서 액체 상태인 식용유 정도로만 생각하였으나, 유지(油脂)에 관한 기술 축적이 많은 일본유지 쓰쿠바연구소에서의 연수를 통하여 식용유의 종류와 그를 구성하는 지방산(脂肪酸)에 대한 지식을 쌓게 된 것도 큰 경험이었다.

오뚜기 시절에는 주로 마요네즈와 드레싱에 관련된 경험을 하였다면, 엠디에스코리아에서는 샐러드를 비롯한 마요네즈 응용제품에 관한 경험을 하는 기회가 많았다. 마요네즈는 그 자체로도 연구할 분야가 많지만, 응용제품에서 발생하는 여러 문제를 해결하기 위해서도 많은 노력이 필요하다.

은퇴한 지금은 오뚜기나 엠디에스코리아의 마요네즈 및 관련 제품에 관한 소식을 이따금씩 풍문에 듣고 있을 뿐이다. 그러나 오래 떨어져 있어도 만나면 바로 옛날로 돌아가는 친한 친구처럼 마요네즈는 내 마음에서 잊힌 적이 없다. 어쩌다 TV나 신문에서 마요네즈에 관한 내용을 접하게 되면 그렇게 반가울 수 없다.

불교에서 수행하는 스님들에게는 화두(話頭)라는 것이 있다. 진리에 대한 깨달음은 얻기 위한 문제를 가리키는 불교용어였으나, 이제는 일상적인 삶에서 무언가 지속적인 관심이나 몰입의 대상이라는 의미로도 흔히 쓰이고 있다. 나에게 있어서 마요네즈는 하나의 화두와도 같은 존재다.

02

마요네즈란
무엇인가?

02

마요네즈란 무엇인가?

"마요네즈란 무엇인가?" 이 질문에는 쉽게 답이 나올 수 없으며, 마요네즈를 연구하는 사람들에게는 풀리지 않는 숙제와도 같은 것이다. 하나의 해답을 찾았다고 생각하는 순간 다른 문제가 튀어 나오곤 한다. 그 때문에 과거에도 수많은 사람이 마요네즈를 연구 하였고, 지금도 연구하고 있으며, 앞으로도 연구할 것이다.

그러나 답을 찾지 못하였다고 실망할 필요는 없다. 지금 겪고 있는 문제는 과거에 겪었던 문제와 똑같은 것이 아니며, 앞선 연 구자들의 결과물을 바탕으로 점점 더 많은 것을 알아가는 과정이 기 때문이다. 우선은 세 가지 관점에서 마요네즈를 살펴보기로 한다.

첫째로, 마요네즈는 서양에서 전래된 소스(sauce)의 한 종류다. 분류상의 위치를 살펴보면 식품이라는 전체 집합의 일부가 소스류이며, 소스류의 일부분이 드레싱류이고, 드레싱류 중의 하나로서 마요네즈가 존재한다. 이런 이유로 마요네즈를 '마요네즈소스(mayonnaise sauce)'라고 부르기도 하는 것이다.

우리나라의 경우 식품의 기준과 규격에 관한 내용은 〈식품공전(食品公典)〉에 정리되어 있다. 그런데 〈식품공전〉의 내용은 수시로 변경되며, 2018년 1월 이후 현재까지 적용되고 있는 기준에 따르면 마요네즈는 '조미식품' 중 '소스류'에 속하며, "식용유지와 난황 또는 전란, 식초 또는 과즙을 주원료로 사용하거나, 이에 다른 식품 또는 식품첨가물을 가하여 유화 등의 방법으로 제조한 것을 말한다"라고 정의되어 있다.

2018년 이전의 〈식품공전〉에 의하면 마요네즈는 '드레싱류'에 속하며, "난황 또는 전란을 사용하고 또한 식용유(식물성 식용유 65% 이상이어야 한다), 식초 또는 과즙, 난황, 난백, 단백가수분해물, 식염, 당류, 향신료, 조미료(아미노산 등), 산미료 및 산화방지제 등의 원료를 사용한 것을 말한다"라고 정의되어 있었다. 개정 전과 후의 가장 큰 차이는 "식물성 식용유 65% 이상이어야 한다"라는 조건이 없어진 것이다.

〈식품공전〉은 국내에서 유통되는 마요네즈에 대한 규격이며,

해외로 수출할 경우에는 그 나라의 규격을 따라야 함은 당연하다. 참고로, 미국 FDA 규격 및 일본농림규격(JAS)에서는 식물성유지 65% 이상이어야 하며, 유럽에서 통용되는 마요네즈의 규격은 총지방 78.5% 이상, 난황(20%까지 난백 혼입 허용) 6% 이상이다.

2018년 이후의 〈식품공전〉에서는 조미식품 안에 식초, 소스류, 카레 등을 두고 있고, 소스류에는 소스, 마요네즈, 토마토케첩, 복합조미식품 등이 포함되어 있어 소스를 좁은 개념으로 사용하고 있다. 이는 처음 〈식품공전〉을 만들 때 일본농림규격(JAS)을 참고로 하였기 때문에, 일본 JAS의 분류 기준을 따르다 보니 이렇게 된 것이다.

일본에 처음 소개된 소스는 19세기 말에 전해진 영국의 우스터소스였으며, 일본의 간장과 유사하기 때문에 서양풍의 새로운 간장으로 인식되어 널리 전파되었고, 소스의 대명사가 되었다. 이런 이유로 JAS에서 소스는 우스터소스류로 분류되고, 우스터소스(ウスターソース), 중농소스(中濃ソース), 돈카쓰소스(とんかつソース) 등 세 종류로 구분하고 있으며, 일반적으로 소스로 분류되는 식초, 케첩, 카레, 드레싱 등 다른 소스류는 포함되지 않는다.

그러나 서양 요리에서 소스는 식초, 케첩, 카레, 드레싱 등을 모두 포함하는 넓은 개념이다. 소스는 음식의 맛과 향 또는 색깔을 좋게 하기 위하여 부가적으로 사용하는 액상 또는 반고체상 식품을 총칭하는 말로서, 한국 요리에서의 양념과 장류(醬類)를 합해놓은 것과 비슷한 개념이다.

소스는 어떤 음식에서 보조적 역할을 하는 조연이지 주연이 아니다. 따라서 소스는 음식의 특징을 살려주고 부족한 부분을 보완하는 역할을 하여야 하며, 음식의 주체가 되어서는 안 된다. 마찬가지로 샐러드의 경우 주인공은 당근, 셀러리, 오이, 양배추, 사과, 바나나, 귤 등의 야채나 과일이지 마요네즈가 아니다.

이 말은 샐러드의 주인공인 과일이 신맛이 강한 것이라면 마요네즈의 신맛은 줄여야 하며, 단맛이 부족한 야채라면 마요네즈의 단맛은 높여야 한다는 것이다. 일반 소비자용의 경우에는 어떤 소재에나 어울릴 수 있게 보편적인 맛으로 만들 수밖에 없으나 특정 목적을 위한 경우에는 그에 맞는 마요네즈를 개발하여야 한다.

어떤 사람들은 마요네즈의 칼로리가 높다는 이유로 기피하기도 한다. 마요네즈의 칼로리는 제품에 따라 다르기는 하나 100g당 약 700kcal 정도로서 높은 것은 사실이다. 그러나 이것은 마요네즈가 소스라는 사실을 무시한 발상이다. 참기름이나 들기름은 100g당 칼로리가 약 900kcal로서 마요네즈보다도 훨씬 높은데 이것을 문제로 삼는 사람은 별로 없다.

참기름이나 들기름의 칼로리가 높음에도 불구하고 문제로 삼지 않는 것은 이들이 음식의 맛을 내기 위해 양념으로 소량만 사용되기 때문이다. 마요네즈도 그 자체를 숟가락으로 퍼먹는 사람은 없다. 보통 샐러드 100g에는 마요네즈가 15g 정도 사용되며, 여기에서 마요네즈의 칼로리는 약 105kcal로서 그렇게 우려할 만한 수준은 아니다.

둘째로, 마요네즈는 유화를 이용하여 만든 식품이다. 유화의 사전적 의미는 "융합되지 아니하는 두 가지의 액체에 유화제를 넣고 섞어서 한쪽의 액체를 다른 쪽의 액체 가운데에 분산하여 유제(乳劑)를 만드는 조작"이다. 융합되기 어려운 대표적인 액체가 물과 기름이다. 자연 상태에서 물과 기름이 잘 섞여있는 것이 바로 젖(乳)이므로 이와 같은 상태로 만드는 것을 '유화(乳化, emulsification)'라고 부른다.

물과 기름처럼 혼합되기 어려운 물질이 섞이기 위해서는 제3의 물질의 도움이 필요하며, 이것을 '유화제(乳化劑, emulsifying agent/emulsifier)'라고 한다. 유화제의 특징은 하나의 분자 내에 물과 결합하기 쉬운 친수기(親水基)와 기름과 결합하기 쉬운 친유기(親油基)가 함께 있다는 것이다.

유화제는 주로 액체와 액체를 섞어주는 역할을 하는 물질을 지칭하는 것이며, 보편적으로는 '계면활성제(界面活性劑, surface active agent)'라는 용어를 사용한다. 계면이란 기체와 액체, 액체와 액체,

액체와 고체가 서로 맞닿은 경계면을 말하며, 계면활성제는 이런 계면의 장력을 완화하는 역할을 하여 유화, 세척, 기포 제거 등 다양한 용도로 사용될 수 있다.

물과 기름의 유화에는 기름이 물속에 분산되어 있는 '수중유적형(水中油滴型, oil-in-water type, O/W형)'과 물이 기름 속에 분산되어 있는 '유중수적형(油中水滴型, water-in-oil type, W/O형)'의 두 가지 경우가 있다. O/W형 유화의 대표적인 예가 우유와 마요네즈이며, W/O형 유화의 대표적인 예로서 마가린을 들 수 있다. O/W형과 W/O형은 유화제의 친수기(親水基)와 친유기(親油基) 중에서 어느 것이 강한 결합력을 갖느냐에 따라 결정된다.

유화제가 친수성(親水性, hydrophile)을 갖느냐 친유성(親油性, lipophile)을 갖느냐는 'HLB값(Hydrophile-Lipophile Balance, 친수성-친유성 밸런스)'에 의해 결정된다. HLB값은 1949년 미국의 윌리엄 그리핀(William C. Griffin)이 처음 제안한 것으로 다음과 같은 계산식을 통해 구하게 된다.

$$HLB = 20 \times M_h/M$$

여기서 'M$_h$'는 친수성 부분의 분자 질량이며, 'M'은 전체 분자의 질량이다. 이 식을 통해 계산하면 0부터 20 사이의 값이 나온다. HLB값이 0인 경우에는 완전한 친유성 분자이며, HLB값이 20이면 완전한 친수성 분자임을 의미한다. 보통 W/O형 유화제의 HLB값은 3~6 정도이며, O/W형 유화제의 HLB값은 8~18 정도이다.

O/W형 유화를 만드는 유화제는 친수성이 강하여 물에 녹기 쉬운 성질을 가지고 있으며, 마요네즈의 경우는 난황의 성분인 레시틴(lecithin)이 그 역할을 하고 있다. 반대로 W/O형 유화제는 친유성이 강하여 기름에 녹기 쉬우며, 마가린의 유화제로서는 대두유의 정제 과정에서 부산물로 얻어지는 대두레시틴(soybean lecithin)이 사용된다.

유화의 형태에 따라 맛을 느끼는 것도 변하게 된다. 마요네즈는 기름을 물이 둘러싸고 있는 형태이므로 물에 녹아 있는 식염, 식초 등의 맛을 먼저 느끼고 이어서 기름의 맛을 느끼게 된다. 마가린은 반대로 기름의 맛을 먼저 느끼고 나중에 짠맛을 느끼게 된다. 균질하게 잘 유화된 제품이라면 그 시간차가 없을 정도로 거의 동시에 맛을 느끼게 되지만 불안정한 유화에서는 그 차이를 느낄 수 있다.

물과 기름은 서로 섞이지 않고 분리되어 있는 것이 자연스러운 것이며, 마요네즈는 자연 상태에서는 잘 섞여 있을 수 없는 물과 기름을 억지로 섞어놓은 것이다. 이런 상태는 상당히 불안정한 것이며, 언제든지 분리되어 있는 상태로 되돌아가려는 자연의 법칙이 작용하고 있다. 이 때문에 마요네즈를 만들 때 조금만 부주의하면 분리되어 버리고, 이미 만들어진 마요네즈도 외부 영향에 의해 쉽게 분리된다. 마요네즈에서 일어나는 대부분의 물리적 현상은 유화와 관련되어 있다고 말할 수 있다.

셋째로, 마요네즈는 판매를 위한 상품(商品)이다. 가정이나 일부 식당에서 자가 소비용으로 소량 만드는 경우도 있으나, 이런 경우를 제외하면 모든 마요네즈는 판매를 전제로 생산되는 것이다. 이것은 일반 공산품에도 적용될 수 있는 모든 사항이 그대로 적용된다는 의미이다.

상품이므로 팔릴 수 있는 제품이어야 하고, 소비자가 선택할 수 있도록 다른 경쟁제품에 비하여 장점이 있어야 된다는 것이다. 판매는 광고나 홍보를 통해서 촉진될 수도 있으나, 기본적으로 마요네즈 자체가 경쟁력이 있어야 한다. 이를 위해서는 소비자가 원하는 제품을 정확하고 시의적절하게 출시해야 한다.

때로는 소비자가 자신이 원하는 제품이 무엇인지 모르는 경우도 있다. 제조회사에서 신제품을 내놓았을 때 비로소 호응하게 되는 것이다. 이는 제품 개발자나 마케팅 담당자가 시장의 트렌드를 선제적으로 파악하여 소비자를 리드하는 경우에 해당한다. 이런 제품은 대개 히트상품이 되어 폭발적인 판매가 이루어지게 된다. 예로서, 오뚜기에서 1999년에 출시한 라면과자 '뿌셔뿌셔'와 2004년 엠디에스코리아와 피자헛에서 공동 개발하여 출시한 '고구마 토핑'이 있다.

바로 만들어 사용하게 되는 경우에는 유통기한을 크게 신경 쓰지 않아도 좋으나, 판매를 위한 제품이라면 어느 정도의 유통기한이 필요하게 된다. 유통기한은 가능한 한 긴 것이 판매 및 재고관리에 유리하다. 그러나 유통기한은 마냥 늘릴 수 없으며 맛이나 품질에 영향을 주어서는 안 된다. 또한 유통기한을 늘리기 위한 비용이 영업 이익을 초과하여서도 안 된다.

판매를 위해서는 제품의 품질이 일정하고 규격화되어 있어야 한다. 우수한 품질 못지않게 중요한 것이 일정한 품질이다. 이를 위해서는 자체적으로 관리규격을 정하고 그를 준수하기 위한 품질관리가 필수적이다. 또한 판매를 위해서는 일정한 용기나 포장 단위로 포장되어 있어야 한다. 포장은 제품의 품질 유지를 위해서도 필요하지만 유통과 판매를 위한 절대적 조건이 된다.

그리고 판매를 위해서는 관계되는 모든 법을 준수하여야 한다. 마요네즈의 경우 대부분의 사항은 「식품위생법」에 규정되어 있으나, 원료 중에 수입품이 있을 경우에는 「농수산물의 원산지 표시에 관한 법률」에 따라 표기하여야 한다. 그 외에도 「소비자보호법」에 따라 제품교환 연락처를 표시하여야 하고, 「자원의 절약과 재활용 촉진에 관한 법률」에 의한 폐기물 분리배출 관련 내용도 표기하여야 한다.

그런데 이런 법들은 한번 정하면 그대로 있는 것이 아니라 수시로 변경된다는 점을 명심하고 항상 최근에 개정된 법을 파악하고 있어야 한다. 법은 정부의 방침에 따라 변경되기도 하지만 소비자단체나 환경단체, 제조업체 등의 요청에 의해서도 변경된다. 식품제조업체의 경우는 단독으로 요청하는 사례는 드물고 식품제조업체를 회원사로 두고 있는 '한국식품산업협회'라는 사단법인을 통하는 것이 보통이다.

앞에서 언급한 2018년부터 적용된 〈식품공전〉의 기준에 따라 종전에는 드레싱으로 분류되었던 오뚜기의 '1/2 하프마요'라는 제품도 이제는 마요네즈로 분류되고 있다. 이 제품이 출시될 당시에는 조지방이 65% 이상이어야 '마요네즈'라고 할 수 있었으며, 이 규격에 미치지 못하였으므로 제품명을 '하프마요'라고 하게 된 것이었다. (현재는 제품명도 '1/2 하프마요네즈'로 변경되었다)

03

마요네즈의
어원

03

마요네즈의 어원

마요네즈란 단어의 어원(語原)에 대해서는 여러 가지 다른 주장이 있으며, 이와 관련하여 이마이 추헤이(今井忠平) 박사는 그의 저서 『マヨネーズ・ドレッシング入門(마요네즈·드레싱 입문)』에서 자세하게 정리하였다. 그 내용을 발췌·요약하면 다음과 같다.

마요네즈란 단어의 어원에 대하여 여러 나라의 요리책, 사전 등 약 30권의 문헌을 조사하였더니 대략 다음과 같은 주장들이 있었다.

① 미노르카(Minorca)섬의 마온(Mahon)에서 유래한 것으로, 처음에는 마오네즈(mahonnaise)라고 불리었으나 후에 마요네즈(mayonnaise)로 발음이 변하였다는 설이다. 이것은 가장 많이 인용되고 있는 것이며, 여기에는 프랑스의 리슐리외(Richelieu) 공작(公爵)이 등장한다.

② 프랑스의 바욘(Bayonne)에서 최초로 만들어져 처음에는 바요네즈(Bayonnaise)라고 부른 것이 기원이라는 설이다. 바욘은 로마 시대의 요새(要塞)이기도 한 오래된 지명이지만 사전을 보면 소스 또는 마요네즈와의 관련성을 찾을 수 없었다. 또한 바욘시의 시장에게 바욘과 마요네즈의 관련성에 대한 질의 편지를 보냈더니 바욘시와 마요네즈는 아무런 관계도 없다는 답변을 받았다.

③ 마옹(Mahón)이라는 프랑스인이 처음 만들어서 그의 이름을 땄다는 설이다. 마옹이란 인물로는 프랑스 제3공화국의 대통령인 막마옹(MacMahon: 재임기간 1873년~1879년)이 거론되는데『옥스퍼드 대영사전』을 보면 마요네즈의 어원은 불확실하지만 1841년에는 마요네즈라는 요리 용어가 문헌에 나온다고 하였다. 따라서 이 주장은 연대적으로 맞지 않는다.

④ 마엔(Mayenne)이라는 사람 또는 지명에서 유래되었다는 설이다. 16세기 프랑스의 공작 중에 마엔이 있었으나 마요네즈와 관련성은 없다. 또한 프랑스 서부에 마엔이라는 지명이 있으나 특별히 마요네즈와의 관련성은 없다.

⑤ 만들 때 격렬히 교반하는 소스이므로 '교반한다'는 의미의 프

랑스어 '마니에(manier)'에서 따와 마뇨네즈(magnonnaise)라고 부른 것이 기원이라는 설이다. 마뇨네즈는 마오네즈(mahonnaise)와 함께 마요네즈의 프랑스 고어(古語)라고 사진에 나온다.

⑥ 마뇽(Magnon)이라는 지방에서 처음으로 만들어서 마뇨네즈(Magnonnaise)라고 부른 것이 기원이라는 설이다. 마뇽이라는 지명은 프랑스에 없으며, 과거에도 없었다. 다만, 미노르카섬의 마온(Mahon)은 고대에는 'Magonis'라고 하였으며, 후에는 'Mago'라고도 하였으므로 어떤 관련성은 있어 보인다.

⑦ 뫄유(moyeu)라는 단어가 중세에는 난황을 의미하였고, 난황을 주체로 한 소스이므로 처음에는 뫄유네즈(moyeunaise)라고 부른 것이 기원이라는 설이다.

⑧ 마요네즈를 만들 때는 신경 쓰이거나 피곤해지거나 하므로, 프랑스 고어(古語)로서 '마음을 쓰다'라는 의미의 '마오네(mahonner)' 또는 '피로해지다'라는 의미의 '마뇨네(maghonner)'라는 동사에서 유래되었다는 설이다.

⑨ 지중해의 미노르카(Minorca)섬 인근의 마요르카(Mayorca)섬이 기원이라는 설이다. 문헌을 조사한 바로는 마요네즈와의 관련성은 찾을 수 없었다.

그런데, 프랑스어에서 '-aise'는 형용사의 여성형 접미어로서 지명 뒤에 붙어서 '~풍(風)의'라는 의미를 나타낸다. 마요네즈의 경우는 수식하는 명사인 소스(sauce)가 여성명사이기 때문에 여성형을 취하고 있다. 영어로는 '-ish', '-ic' 또는 '-ese'에 해당한다(※ 원문에서 명시적으로 밝히지는 않았으나, 이것은 단어의 구성 형태로 보아 지명과 관련이 없는 ③, ⑤, ⑦, ⑧의 주장이 신빙성이 없음을 지적하고 있다).

마요네즈(mayonnaise)는 원래 형용사이므로 프랑스어 표현대로 '소스 마요네즈(sauce mayonnaise)' 또는 영어식으로 '마요네즈 소스(mayonnaise sauce)'라고 하는 것이 올바른 표현이겠으나, 오늘날에는 '소스'를 생략하고 그냥 '마요네즈'를 명사처럼 사용하는 것이 일반적이다.

위의 여러 주장 중에서 어느 것이 맞는지 확실하지는 않으나, ①의 주장이 가장 신빙성이 있어 보인다. 파리의 한 신문 1970년 5월 17일자에는 "마요네즈라는 단어는 서지중해의 미노르카섬의 'Mahón'이라는 항구가 프랑스의 대정치가인 리슐리외 공작에 의해 1756년에 점령된 것을 기념하여, 그 항구의 이름을 딴 것이다. 그 당시에는 마오네즈(mahonnaise)라고 발음되었으나, 19세기에 들어와 마요네즈(mayonnaise)라고 불리게 되었다"라는 내용이 실려 있다.

①의 주장도 세부적으로는 여러 설이 있다. 리슐리외라는 인물에 대해서도 영국과의 7년전쟁(1756년~1763년) 초기에 미노르카섬을 함락시킨 사람, 17세기 또는 1600년대 초기 프랑스의 재상이었

던 사람, 루이13세 시대의 사람이라는 등이 있으나 미노르카섬을 함락시킨 리슐리외 공작이라는 것이 일반적이다.

이 소스를 처음 만든 사람도 리슐리외 공작이라는 설, 당시 프랑스의 누군가가 만들었다는 설, 리슐리외 공작의 주방장이 만들었다는 설, 미노르카섬의 어떤 주부가 만들었다는 설 등이 있다. '마온풍의(mahonnaise)'라는 이름으로 보아 미노르카섬의 원주민들이 만들어 먹던 소스였다는 것이 사실에 가까울 것으로 여겨진다.

마온(Mahon)은 미노르카섬의 중심 항구의 이름이다. 리슐리외 공작은 미노르카섬 전투 당시 전방 순찰 중 휴식을 위해 들른 마온의 어느 여관에서 고기 위에 소스를 얹은 요리를 먹고, 그 맛에 감탄하여 주인에게 소스 만드는 법을 물어서 노트에 적었다.

그는 전쟁에 승리한 후 귀국하여 만찬회 자리에서 여관 주인한테 배운 소스를 'Salsa de Mahon(마온의 소스)'이라는 이름으로 손님들에게 제공하였다. 당시 파리에서는 마온에 관한 것이면 무엇이나 유행하던 분위기였으며, 이 소스는 'sauce mahonnaise'라는 이름으로 프랑스 전역으로 퍼져나가게 되었다.

참고로, 프랑스어 및 스페인어에서 자음 'h'는 발음하지 않는 묵음이어서 'mahonnaise'는 '마호네즈'가 아니라 '마오네즈'로 발음된다. 프랑스에서 유행하기 시작한 '마오네즈'는 유럽 전역으로 전파되었으며, 19세기에 발음의 편의상 '마요네즈(mayonnaise)'라고 변경되었다.

미노르카섬은 유사 이래 주민이 살고 있었고, 지중해에서 전략적 요충지이기도 하여 역사적으로 여러 나라의 지배를 받았다. 미노르카섬은 현재는 스페인의 소유로 되어 있으며, 스페인어로는 '메노르카(Menorca)'라고 한다. 올리브나무가 있어 올리브유를 얻을 수 있었으며, 메노르카종이라는 닭 품종의 원산지이기도 하여 마요네즈를 만드는 데 필요한 주요 원료를 쉽게 구할 수 있었다.

마요네즈란 단어와 관련하여 오뚜기의 제품명은 '마요네스'로 되어 있어 혼란을 주고 있다. 마요네즈 시장이 급성장하기 시작하였고, 한국크노르와 경쟁이 격심하였던 1980년대에는 이름 문제로 공격을 당한 적도 있었고, 판촉사원들의 애로사항을 듣기도 하였다.

당시에는 고려의 인삼 상인들이 고려인삼을 중국의 인삼과 차별화하기 위해 원래의 명칭인 인삼(人參) 대신에 풀을 의미하는 '초두머리 초(艹)'를 붙여 인삼(人蔘)이란 한자를 사용한 것처럼 다른 마요네즈와 차별화하기 위해 '마요네스'라고 한 것이라고 판촉사원에게 교육하였다.

그러나 'mayonnaise'란 단어는 원조인 프랑스어는 물론이고 영어에서도 '즈'로 발음되고, 오뚜기가 마요네즈를 배워 온 일본에서

도 마요네즈(マヨネーズ)라고 하여 '즈'로 발음되는데, '마요네스'라고
한 이유는 창업자이며 작명자인 함태호(咸泰浩) 회장이 고인(故人)
이 되어 영원히 알 수가 없게 되었다.

04

마요네즈의
역사

04

마요네즈의 역사

미노르카섬에서 탄생하여 프랑스를 거쳐 유럽으로 퍼져나간 마요네즈는 18세기경에는 유럽의 각 가정에서 만들어 먹을 정도로 일반화되었다. 그러나 마요네즈가 공업적으로 대량 생산되기 시작한 것은 미국에서였으며, 지금도 미국은 세계적으로 마요네즈 생산량이 가장 많은 나라다.

1912년 독일계 이민자인 리차드 헬먼(Richard Hellmann)은 세계 최초로 공장을 설립하고 'Hellmann's Blue Ribbon Mayonnaise'란 브랜드로 마요네즈를 생산하였다. 이 공장은 1932년에 베스트푸드(Best Foods)에 인수되었으며, 지금도 세계적으로 가장 유명한 브랜드는 '베스트푸드'다. 일본은 1925년에 현 큐피주식회사(キユーピ

─株式会社)의 전신인 식품공업주식회사(食品工業株式会社)에 의해 최초로 마요네즈가 생산되었다.

우리나라에 마요네즈가 전래된 것은 정확한 기록은 없으나 다른 서양 식품들과 마찬가지로 19세기 말에서 20세기 초에 선교사나 외교관 등을 통하여 소개되었을 것으로 짐작된다. 마요네즈에 대한 최초의 기록은《동아일보》의 1930년 3월 6일자 '부인이 알아둘 봄철 요리법(1)'이라는 제목의 기사 내용 중에 '야채사라다' 만드는 법에 대한 설명에서 '마요네즈'가 나온다.

이 기사 이후에도 마요네즈를 이용한 요리에 대한 설명은 1930년대의 신문에 간간이 보이다가 태평양전쟁으로 모든 물자가 부족해진 1940년대의 신문에서는 찾아볼 수 없다. 마요네즈를 이용한 요리에 관한 기사가 다시 나오는 것은 6·25 전쟁 이후인 1950년대 후반부터다.

일제강점기에는 일본에서 생산된 마요네즈가 일부 유통되었을 것으로 짐작되며, 해방과 6·25 전쟁을 겪으면서 미군 부대를 통하여 마요네즈가 일부 유통되기도 하였을 것이다.《경향신문》의 1969년 8월 9일자 '장마로 반입 줄어 껑충 뛴 채소·생선류'라는 기사 내용 중에 "마요네즈소스 1병 1백50원"이라는 내용이 있어 일부 판매가 이루어진 사례도 있었음을 알 수 있다.

1960년대 말부터 일본이나 미국에서 만든 제품이 아닌 국내에서 제조된 제품이 마요네즈소스란 이름으로 판매되기는 하였으나, 당시에는 제대로 된 규격이나 기준도 없이 만든 것이어서 지금의 기준으로는 마요네즈라고 말할 수 없는 것이었으며, 불량식품의 대명사로서 자주 단속의 대상이 되었다.

《경향신문》의 1969년 8월 20일자 '밀가루로 케첩'이라는 기사에서는 토마토와 계란은 사용하지 않고 밀가루와 인공색소 등으로 만든 가짜 케첩과 마요네즈소스를 만든 혐의로 창희식품, 서울식품, 도양식품 등의 대표자와 기술자 등 6명을 구속하였다는 내용이 나온다.

우리나라에서는 식품에 대한 기준과 규격을 제정할 수 있는 근거 법률이 1962년 1월에 최초로 마련되었으며, 이에 따라 1966년에 처음으로 주류와 간장에 대한 기준과 규격이 제정되었다. 마요네즈의 경우에는 1969년 10월 29일에 최초로 기준과 규격이 제정되었으며, 1970년 1월 1일부터 적용하게 되었다.

마요네즈에 대한 규격과 기준이 정해짐에 따라 정상적인 마요네즈가 생산될 수 있게 되었으며, 기록이 남아있는 최초의 제품은 1972년 6월 오뚜기의 전신인 풍림식품공업주식회사(豊林食品工業株式會社)에서 생산한 225g 병제품인 '마요네스'다. 1년 후인 1973년에는 서울식품에서 '소머리표마요네즈'를 생산하였다.

정확한 생산 시기는 알 수 없으나, 이 무렵에 연합식품의 '튜립 마요네즈', 태양실업의 '거인표마요네즈', 해태식품의 '마요크림' 등도 생산되었다. 그러나 당시에는 아직 마요네즈는 일부 소수의 소비자만 이용하는 제품이어서 시장이 크지 않았으며, 이들 제품은 바로 생산이 중단되었다.

1970년대 이전까지 우리나라는 식량이 부족하여 '보릿고개' 또는 '춘궁기(春窮期)'라는 말이 생겨날 정도였으나, 1972년부터 전국적으로 재배되기 시작한 '통일벼'로 인하여 쌀 수확량이 크게 늘어나면서 식량 사정이 나아지게 되었다. 어느 정도 굶주림을 면하게 되자 식품에서 '맛'을 중요시하는 시대가 되었으며, 마요네즈와 케첩으로 대표되는 서양 소스를 수용하는 계기가 되었다.

1980년대에 들어서면서 건강식과 미용식에 관한 관심이 높아지면서 생야채의 소비량이 증가함과 더불어 야채를 맛있게 먹을 수 있도록 도와주는 소스인 마요네즈의 소비량도 증가하여 성장기를 맞이하게 되었다. 이에 따라 여러 회사에서 마요네즈 시장에 참여하게 되었다.

1980년에 롯데삼강에서 '리얼마요네즈'를 출시하였고, 1981년에는 '베스트푸드마요네즈'로 잘 알려진 세계적 기업인 미국의 CPC 인터내셔널이 지금은 대상으로 이름을 바꾼 미원과 합작하여 만든 한국크노르에서 '리본표 크노르마요네즈'를 출시하였다. 또한 1987년에는 서울식품과 미국의 대형 식품회사인 하인즈(Heinz)가

합작하여 만든 서울하인즈에서 '하인즈마요네즈'를 출시하였다.

1990년대에도 새로운 회사가 속속 마요네즈를 출시하였다. 1994년에는 참치 제품으로 유명한 동원산업이 '센스마요네즈'를 출시하였고, 1995년에는 식용유 업체인 동방유량과 다국적기업인 유니레버(Unilever)가 합작한 해표유니레버에서도 요구르트를 넣어 만든 마요네즈인 '요거네즈'를 출시하였다.

우리나라의 마요네즈 역사에서 1980~90년대는 각 회사의 경쟁이 가장 치열하였던 시기이며, 이에 따라 마요네즈의 품질이 향상되고 소비량이 크게 늘어나게 되었다. 여러 회사의 경쟁 중에서도 특히 오뚜기와 한국크노르의 경쟁은 사활을 건 전쟁과도 같았다.

크노르마요네즈가 출시되기 전까지 국내 마요네즈 시장은 오뚜기의 독무대로 시장점유율이 약 90%였었다. 그러나 크노르마요네즈가 출시된 이후 당시에는 제일제당도 두려워했던 미원의 막강한 영업 조직을 통한 적극적인 공세에 밀려 오뚜기의 시장점유율은 급격하게 잠식되어 한때 60%대까지 감소하였다.

이에 위기를 느낀 오뚜기에서는 1984년 4월 기존의 '마요네즈'를 '후레시마요네즈'로 이름을 변경하고, '골드마요네즈'를 추가로 개발하여 출시하였다. 이어서 같은 해 5월에는 종전까지 생산하여 오던 병제품의 사용상 불편을 개선한 튜브제품도 출시하였다. 한편으로는 영업사원 및 판촉사원(販促社員)을 증원하여 영업력도 보강하였다.

매일매일 작성되는 판촉보고서는 연구소로 바로 전달되었고, 연구소는 보고서에 나온 소비자의 불만 사항을 해소하기 위한 개선연구를 해야만 하였다. 판촉보고서를 보면 크노르마요네즈는 아주 좋은 제품이고, 오뚜기의 마요네즈는 결점투성이였다. 당시 오뚜기의 마요네즈 연구원 중에서 가장 선임자여서 팀장의 역할을 하고 있던 나는 상당한 스트레스를 받을 수밖에 없었다.

그러나 나중에 한국크노르에서 마요네즈를 담당하였던 대학동문을 만나 들어보니 그쪽의 판촉보고서에는 오뚜기 마요네즈는 장점만 있고, 크노르마요네즈가 단점이 많다고 되어 있었다고 하였다. "남의 떡이 더 커 보인다"라는 속담대로 양측 판촉사원들은 상대방 제품의 장점과 자사 제품의 단점만 보였던 모양이다.

오뚜기와 미원의 판매 경쟁은 1985년 '가락동농수산물종합도매시장(가락시장)'의 개장에서 정점을 이루게 된다. 매장의 좋은 자리를 차지하기 위한 판촉사원들의 경쟁은 말다툼에서 몸싸움으로 변했고, 1985년 6월 25일 양측 판촉사원 100여 명이 집단으로 부딪히는 일이 발생하였다. 이 싸움은 다음 날 남자 영업사원들의 다툼으로 번졌고, 각목까지 등장하는 집단난투극으로 발전하였다. 그 결과 미원의 영업사원 한 명이 사망하는 일까지 발생하자 그 후로 양사는 지나친 판촉활동을 자제하게 되었다.

약 20년에 걸친 치열한 경쟁 끝에 롯데삼강, 서울하인즈, 동원산업, 해표유니레버 등은 소비자용 제품의 생산을 중단하였다. CPC인터내셔널 역시 지분을 모두 미원에게 양도하고 1996년 한국 시장에서 철수하였다. 작고한 오뚜기의 창업자 함태호 회장은 생전에 세계적 마요네즈 대표제품인 '베스트푸드미요네즈'와의 경쟁에서 이겨 국내 시장을 지킬 수 있었던 것에 대하여 대단한 자부심을 표현하곤 하였다.

CPC인터내셔널과 헤어진 미원은 사명을 대상으로 변경하고 독자적으로 '청정원마요네즈'를 출시하였다. 현재 업무용 마요네즈를 판매하는 회사는 롯데푸드, 동원, 사조해표, 시아스 등 여러 회사가 있으나, 가정용 마요네즈는 오뚜기와 대상에서만 만들고 있으며, 오뚜기와 대상이 약 8:2의 시장점유율을 차지하는 체제가 유지되고 있다.

2000년대에 들어서면서 마요네즈는 성숙기에 도달하였다. 가정용 마요네즈의 소비량은 정체 또는 완만한 감소를 보이고 있으며 1000아일랜드드레싱, 프렌치드레싱, 참깨드레싱, 콜슬로드레싱, 허니머스타드 등 다양한 드레싱 제품이 마요네즈를 대체하여 가고 있다. 앞으로도 마요네즈는 공장이나 식당 등에서 업무용으로 사용하는 비율이 증가하는 한편 일반 소비자 시장에서는 다른 드레싱에게 점차 자리를 내주게 될 것으로 전망된다.

05

마요네즈의 고소한 맛

05

마요네즈의 고소한 맛

1980년대 초 마요네즈의 경쟁이 치열하던 시기에 가장 큰 쟁점은 '고소한 맛'이었다. 식품을 선택하는 동기는 가격, 외관, 사용의 편리함 등 여러 가지가 있을 수 있으나 가장 중요한 것은 맛이 있어야 한다는 것이다. 맛 중에서도 마요네즈의 경우는 '어느 제품이 더 고소한가?'라는 것이 경쟁의 초점이 되었다.

이 문제를 해결하기 위하여 기술제휴사인 큐피에 질의하였으나 일본에는 고소한 맛이란 개념이 없어 난관에 봉착하였다. 고소한 맛은 우리 민족 고유의 맛으로, 우리나라 사람이라면 고소한 맛의 느낌을 모두 알고 있지만 외국인에게 설명하기는 곤란한 맛이다.

고소한 맛에 해당하는 단어는 외국어에는 없으며, 영어로는 '건

과류의 맛(nutty taste)' 또는 '참기름의 맛(taste of sesame oil)' 등으로 번역되고, 일본어로는 '향기로운 맛(香ばしい味)'으로 번역하여 주로 향(香)을 강조하고 있다. 고소한 맛은 하나의 맛이 아니라 여러 가지 맛과 향까지 포함되어 느끼는 복합적인 맛이다. 영어나 일본어의 번역이 고소한 맛의 특징을 표현하고는 있으나 완전히 일치하지는 않는다.

고소한 맛을 이해시키려고 여러 가지로 설명하였으나, 추상적인 개념은 이해하여도 구체적인 느낌을 공유할 수는 없었다. 하는 수 없이 볶은 참깨, 땅콩, 숭늉 등 우리가 고소하다고 느끼는 식품들을 맛보게 하여 보았으나 끝까지 이해시키지는 못하였다. 결국 고소한 맛에 관한 한 큐피의 도움을 받지 못하고 자체적으로 해결할 수밖에 없었다.

맛에는 전 세계 사람이 공통적으로 느끼는 단맛, 신맛, 짠맛, 쓴맛, 감칠맛 등의 기본 맛도 있으나, 우리의 고소한 맛과 같이 특정 민족이 아니면 느끼지 못하는 맛도 존재한다. 일본의 '고쿠미(こく味)'와 서양인들이 느끼는 '금속 맛(metallicness)'이 대표적인 예다.

고쿠미는 일본인에게는 익숙한 맛이지만 다른 민족이 공감하기에는 애매한 맛이다. 일본어 사전에서는 "식욕을 돋우는 맛(食欲をそそる味)", "음식의 간이 알맞아 입에 맞다(食べ物の味加減がよくて口に合う)", "색, 맛 등이 진하다(色,味などが濃い)" 등으로 설명하고 있다. 고쿠

미는 "입 안 가득 풍부한 묵직하고 깊은 맛"으로 표현되기도 한다.

고쿠미는 일본어에만 있는 단어이며, 영어에서는 해당하는 단어가 없기 때문에 일어 발음 그대로 'kokumi'라고 한다. 우리나라에서는 '진한 맛' 또는 '감칠맛'으로 번역하고 있다. 그러나 진한 맛은 일본어 '濃く味'를 한자 뜻 그대로 번역한 것일 뿐이고, 감칠맛은 주로 MSG의 맛을 나타내는 단어다. 고쿠미는 단일한 맛이 아니라 고소한 맛과 마찬가지로 여러 가지 맛과 향까지 포함되어 느끼는 복합적인 맛이며, 고기 국물을 진하게 우려낸 것과 비슷한 맛이다.

금속 맛은 철, 은, 주석 등 금속이온의 맛이며, 특정 의약품이나 충치 치료 시 충전재로 사용되는 아말감(amalgam)이란 합금에서 잘 느낄 수 있다고 한다. 서양인들은 민감하게 느끼고 불쾌한 기분을 주기 때문에 마요네즈나 드레싱의 품질관리 항목에 포함되는 경우도 있다. 그러나 한국인에게는 조금 생소한 맛이고, 평소에 별로 의식하지도 않는 맛이며, 이미(異味)의 일종으로 인식할 뿐이다.

마요네즈에 고소한 맛을 부여하기 위해 참기름, 땅콩페이스트 등 많은 사람이 고소하다고 여기는 것들을 첨가해 보기도 하였다. 그러나 이런 원료들을 사용하면 고소한 맛은 증가하나, 마요네즈의 맛은 아니라고 거부감을 갖는 사람들도 많았다. 또한 원가의 상승도 무시할 수 없는 부분이었다.

여러 번의 시행착오와 테스트를 통해 소비자들이 원하는 마요네즈의 고소한 맛은 식용유, 난황, 식초, 소금, 설탕 등이 어우러진 복합적인 맛이며, 인위적으로 특별한 원료를 사용하지 않는 것이 좋다는 점을 알게 되었다. 배합비에서 식용유나 난황의 함량은 많을수록 고소하고, 식초의 함량은 적을수록 고소한 맛이 강해진다. 또한 마요네즈의 점도가 높을수록 더 고소하게 느끼게 된다.

06

마요네즈의
산패

06

마요네즈의 산패

마요네즈에 있어서 화학적 변화는 식용유의 산화(酸化, oxidation), 당과 아미노산에 의한 마이야르반응(Maillard reaction), 단백질 분해효소에 의한 계란 단백질의 분해, 고분자당질의 산에 의한 분해 등 여러 가지가 있을 수 있으나 가장 흔한 것은 식용유의 산화이다.

식용유의 산화에는 공기 중의 산소와 결합하여 서서히 진행되는 자동산화와 높은 온도에서 장시간 가열하였을 때 일어나는 가열산화가 있다. 가열산화는 튀김을 오래 하였을 경우 튀김에 사용한 식용유에서 일어날 수 있으며, 마요네즈에서는 주로 자동산화가 문제로 된다.

식용유의 자동산화는 불포화지방산의 이중결합이 있는 부분에서 시작하며, 마요네즈에 주로 사용하는 대두유는 리놀레산을 비롯한 불포화지방산이 약 80%를 차지하므로 산화가 쉽게 일어난다. 산화가 진행되면 불쾌하고 자극성이 있는 냄새를 발생하는 물질을 생성하게 되며, 이를 산패(酸敗, rancidity)라고 한다.

마요네즈의 맛에 대한 클레임은 "시다", "짜다" 등 여러 가지가 있으나, 그중에서 가장 많은 것이 "찐내가 난다"라는 것이다. 마요네즈에서 찐내가 난다는 것은 화학적 변화가 일어나 이취(異臭)를 발생시키는 물질이 생겼다는 의미이며, 찐내는 산패취(酸敗臭)라고도 한다.

산가는 유지(油脂)에 함유된 유리지방산(遊離脂肪酸, free fatty acid)의 양을 나타내는 수치로서 식용유 자체의 산화 정도를 알아보는데는 유용하지만, 마요네즈에서 분리한 식용유 샘플에는 조미액에 있는 식초의 초산이 미량이지만 혼입되어 있기 때문에 유리지방산만의 양을 측정하는 데는 부적당하다.

산화가 진행되면 유리지방산만 생성되는 것이 아니라 과산화물도 생성되므로 이 양을 측정하여 산화의 정도를 알아보는 것이 POV 측정이다. 과산화물은 생성과 동시에 분해되기도 한다. 따라서 측정되는 POV는 생성과 소멸의 결과 잔존하는 과산화물의 양이 된다. 산화의 초기에는 생성되는 양이 소멸되는 양보다 매우 많기 때문에 마요네즈의 산패 정도를 측정하는 유용한 수단이 된다.

산화는 산소, 온도, 빛, 식용유의 종류, 촉매 또는 산화방지제의 존재 여부 등의 여러 요소에 의해 영향을 받는다. 산화는 기본적으로 산소와 반응하여 일어나는 것이므로 산소가 충분히 공급될수록 빨리 진행된다. 배합비가 같고, 같은 공장에서 만들어진 마요네즈인데도 포장 재질에 따라 유통기한이 차이가 있는 것은 마요네즈를 담고 있는 포장재의 산소 차단성이 다르기 때문이다.

유리병의 경우 산소는 거의 100% 차단되므로 마개만 단단히 밀봉되어 있다면 헤드스페이스(head space)에 있는 산소에 의해 부분적인 산화가 일어나지만 밑 부분에는 거의 진행되지 않는다. 예전에는 마요네즈의 용기로 유리병이 사용되었으나, 현재 우리나라에서 판매되고 있는 소비자용 마요네즈는 거의 모두 플라스틱(합성수지) 용기이며 재질로는 폴리에틸렌(polyethylene, PE)이 주로 사용된다.

PE의 경우 수분은 완벽히 차단하나, 산소는 비교적 자유롭게 통과하게 되므로 산화의 진행을 막을 수 없다. 시판되고 있는 튜브 마요네즈는 이런 단점을 보강한 에발수지(EVAL樹脂, EVOH) 층을 내외의 PE층 사이에 샌드위치처럼 접합시킨 재질이며, 유리병에 근접하는 산소 차단성을 나타낸다.

업무용 마요네즈의 경우는 용기 형태이거나 봉투 형태이거나 모두 PE 단일재질로서 산소를 완벽히 차단하지는 못한다. 산화에 시 가장 중요한 요소인 산소를 차단하지 못하기 때문에 가정용 제품에 비해 산화는 빠르게 진행될 수밖에 없으나, 업무용의 특성상 유통기한이 짧아도 크게 문제가 되지는 않는다.

산소 다음으로 중요한 요소는 온도이며, 온도가 높을수록 산화가 빨리 진행된다. 온도가 10℃ 차이가 난다면 산화속도는 대략 2배 정도 빠르다. 마요네즈의 최적 보관 온도로 1~10℃를 제시하는 것은 온도가 높으면 산화가 빨리 진행되고, 온도가 너무 낮아 0℃ 이하가 되면 동결에 의해 분리가 발생하기 때문이다. 가정에서는 냉장고에 보관하기 때문에 대체로 이 온도가 지켜지지만 유통, 진열 판매 중에는 계절에 따라 차이는 있으나 보통 15~25℃ 정도의 온도가 유지된다.

빛도 산화를 촉진하므로 빛에 노출되는 것보다는 빛을 차단하는 것이 좋고, 빛이 통과하지 못하는 재질의 포장재일수록 마요네즈의 산화는 더디게 진행된다. 당연히 투명한 병보다는 색깔이 있는 병의 경우 빛이 차단되어 산화가 더욱 지연될 수 있으나, 상품성이란 관점에서 병에 충전한 마요네즈는 거의 모두 투명한 병을 사용하고 있다.

포장재의 선택이나 보관온도 관리는 유통단계에서의 산화 방지

대책이며, 제조단계의 산화 방지 대책으로서는 배합비 면에서는 산화방지제의 사용이 있고, 제조 방법에서는 유화 시 진공을 걸어 산소를 제거하거나, 산소를 질소로 치환하는 방법이 사용된다.

토코페롤(비타민E) 등의 천연항산화제도 있고, 향신료 중에서 강황, 생강, 세이지, 클로브, 로즈메리, 타임 등도 산화방지 효과가 있는 것으로 알려져 있으나, 항산화 효과를 얻기 위해서는 상당히 많은 양을 첨가하여야 하고, 마요네즈에 통상적으로 사용하는 정도의 양으로서는 항산화 효과를 얻을 수 없다.

따라서 대부분의 시판 마요네즈에는 식품첨가물인 산화방지제를 사용하고 있다. 마요네즈에 사용이 허락된 식품첨가물 중에서 EDTA염이 현재 알려져 있는 산화방지제 중에서 가장 효과가 좋다. EDTA염은 산화를 촉진하는 촉매 역할을 하는 금속이온을 제거하여 산화를 지연시킨다. EDTA염의 사용 한도는 75ppm이며, 산화를 1~2개월 지연시키는 효과가 있다.

사용하는 식용유의 종류에 따라서도 산화의 정도는 상당히 차이가 난다. 일반적으로 포화지방산의 함량이 높은 식용유는 산화되기 어렵고, 불포화지방산이 많은 식용유는 산화가 빨리 진행된다. 그러나 식용유는 종류에 따라 가격의 차이가 크며, 산화에 대한 고려보다는 경제적인 이유로 대두유가 일반적으로 사용된다. 고급 이미지를 강조한 마요네즈에서는 올리브유가 사용되기도 한다.

대두유의 경우 산화의 초기 단계에서 소량의 산소만으로도 정제 전의 불쾌한 냄새로 되돌아가는 현상이 있으며, 이런 현상을 '향미변환(flavor reversion)'이라고 하고, 일본어로는 '모도리(もどり)'라고 한다. 모도리취는 산패취와는 구분되며, 모도리취가 발생한 유지는 신선한 유지와 비교하여 산가, 과산화물가 등의 화학적 분석치에서는 거의 차이가 없으며, 관능적인 맛이나 냄새로 구분할 수밖에 없다.

같은 대두유라 하더라도 제유회사의 정제기술에 따라 산화되는 정도에 차이가 있으며, 특히 향미변환에서 차이가 크다. 정제 후 대두유에 남아있는 용존산소(溶存酸素)의 양이 매우 중요하며, 대두유 중에 용존산소가 많다면 아무리 산소차단성이 좋은 포장재를 사용하더라도 산화가 일어나게 된다. 국내 대기업의 대두유는 정제기술이나 설비에 큰 차이가 없으나 군소 제유업체의 대두유는 다소 질이 떨어진다.

제유업체에 따른 정제대두유의 산화안정성 정도를 비교하기 위해서는 간단한 장치를 제작하여 빛을 쪼여주면 된다. 직사각형 상자 모양의 틀을 만들어 반사가 잘 되게 내부를 흰색으로 하거나 거울로 하고, 비커에 담긴 대두유 시료의 표면에서 약 15㎝ 정도 떨어진 높이에 형광등을 달아 24시간 계속 빛을 쪼이면서 1주일 정도 보관하며 일정 시간 간격으로 산가, POV, 풍미 등을 비교하면 대두유 사이의 우열을 판정할 수 있다.

일본의 경우 정제대두유는 튀김용과 샐러드용으로 구분되고, 일본 제유회사의 정제기술은 국내 대기업보다 뛰어나서 샐러드용 대두유의 향미변환 현상이 현저하게 느리다. 이는 우리나라나 미국과는 다르게 마요네즈에 산화방지제의 사용을 허용하지 않는 JAS규격의 영향이며, 큰 고객인 마요네즈 제조업체의 꾸준한 품질향상 요구를 제유회사에서 반영한 결과이다.

미국과 다르게 일본에서는 마요네즈 제조 시 유화공정에서 진공을 필수로 하는 것도 JAS규격의 영향이다. 미국의 경우는 마요네즈 제조 시에 진공을 걸지 않기 때문에 마요네즈에 공기가 많이 혼입되어 있으며, 진공을 거는 일본식 제조 방법에 비하여 산화가 진행되기 쉽다. 이를 보완하기 위하여 일찍부터 EDTA염과 같은 산화방지제를 사용하고 있다.

우리나라에서도 종전에는 일본의 경우와 같이 산화방지제의 사용을 허용하지 않았다. 그런데 미국식 제조방법을 사용하는 한국 크노르에서 '리본표 크노르마요네즈'를 생산하기 위하여 EDTA염을 사용할 수 있도록 〈식품첨가물공전〉을 개정하는 노력을 하였으며, 이것이 반영되어 마요네즈에 산화방지제를 첨가할 수 있게 되었다.

07

마요네즈의 분리

07

마요네즈의 분리

마요네즈의 클레임 중에서 맛과 관련된 것을 제외하면 분리되었다는 것이 가장 많다. 분리는 마요네즈에서 가장 일어나기 쉬운 품질의 변화다. 마요네즈는 유화 식품이며, 서로 혼합될 수 없는 물과 기름이 억지로 섞여 있는 불안정한 상태여서 조금만 부주의하면 분리가 일어난다. 육안상 분리되지는 않았어도 점도가 현저하게 낮아지는 것도 분리의 초기 상태로 보면 된다.

마요네즈를 냉장고에 넣어 두었는데 기름이 분리되었다는 경험을 한 사람이 있을 것이다. 이는 마요네즈 분리현상의 대표적인 예로 저온에 의해 식용유가 굳었기 때문에 발생하는 것이다. 가정용 냉장고는 정밀한 기계가 아니며, 위치에 따라 온도의 편차가 심한 편이다. 특히 찬바람이 나오는 냉장실 뒷부분의 온도는 0℃ 이하가 되기도 한다.

흔히 물이 0℃에서 얼게 되므로 마요네즈 중의 물 성분이 얼어서 분리가 일어나는 것으로 잘못 알고 있으나, 실은 식용유가 원인이다. 마요네즈의 조미액에는 소금, 설탕 등이 녹아있기 때문에 빙점강하(氷點降下) 현상에 의해 -15~-20℃까지도 얼지 않는다.

물은 단일성분이기 때문에 0℃에서 명확하게 액체 상태와 고체 상태가 변환되지만, 식용유는 여러 성분의 혼합체이기 때문에 액체와 고체의 경계가 명확하지 않다. 마치 양초에 열을 가하면 녹을 때처럼 어느 순간부터 빙결점(氷結點)이 높은 물질부터 서서히 변하게 된다.

식용유를 구성하는 대표적인 성분의 빙결점은 스테아르산 69℃, 팔미트산 62℃, 글리세린 20℃, 올레산 13℃, 리놀레산 -5℃, 리놀렌산 -12℃ 등이다. 식물성식용유가 상온에서 액체 상태인 것은 굳는 온도가 낮은 리놀렌산, 리놀레산, 올레산 등의 함량이 상대적으로 많기 때문이다.

마요네즈는 수중유적형(O/W형) 유화식품이므로 수상(水相, water phase)인 조미액에 식용유 입자가 분산되어 있는 것으로 생각하기 쉽다. 그러나 실제로는 식용유의 함량이 높기 때문에 유리병 속에 구슬을 넣어 둔 것처럼 다닥다닥 붙어있는 식용유 입자 사이의 공간을 조미액이 채우고 있는 형태에 가깝다.

동일한 부피에서 표면적이 가장 작은 입체는 구형(球形)이며, 식용유의 성분이 결정형으로 변하면 표면적이 커지게 되어 식용유 입자를 둘러싸고 있던 난황막의 두께가 얇아지게 된다. 식용유 입자의 결정화가 진행되면 난황막은 점점 얇아져서 마침내 입자를 둘러싸지 못하는 부분이 발생하게 된다.

일정한 공간 안에서 붙어있던 식용유 입자는 서로를 격리시키던 난황막이 뚫린 부분에서 직접 접촉하여 뭉치게 되며, 입자의 크기가 커지게 된다. 이런 과정이 더욱 진행되면 결국에는 커다란 식용유층과 조미액층으로 완전한 분리가 이루어지게 되는 것이다.

식용유 입자의 크기가 커지면서 눈에 보이는 분리까지는 아니더라도 점도가 낮아진다거나, 색이 노란색으로 변하는 것도 분리의 초기 단계로 이해하면 된다. 참고로, 동결에 의한 분리의 정도를 상대적으로 평가할 때는 다음과 같은 기준을 사용하기도 한다.

-	분리 현상이 없음
±	분리의 징후가 있으나, 확실히 관찰되지는 않음
+	부분적으로 분리가 관찰됨

| ++ | 분리가 상당히 진행됨 |
| +++ | 식용유와 조미액이 완전히 분리됨 |

분리가 진행되면 점도나 색의 변화뿐만 아니라 맛에도 영향을 준다. 식용유 입자가 작을 때는 허에서 마요네즈 전부의 맛을 한꺼번에 느끼게 되지만, 입자가 커지면 어우러진 맛보다는 식용유와 조미액의 맛을 구분해서 느끼게 된다. 따라서 낮은 점도의 마요네즈는 정상적인 마요네즈에 비하여 신맛, 짠맛 등이 강해지게 된다.

요즘은 유통 환경도 많이 좋아졌고, 마요네즈가 얼면 분리된다는 것을 상식처럼 알고 있기 때문에 동결에 의한 분리가 잘 발생하지 않는다. 그러나 과거에는 재래시장에서 동결 분리된 마요네즈를 진열하여 놓고 손님이 찾으면 정상적인 제품을 방에서 꺼내주는 일도 있었다. 그리고 대리점의 창고에서 얼어버리는 경우도 많아 매년 겨울이면 취약한 지역의 대리점을 방문하여 교육하기도 하였다.

동결 분리와 관련하여 우리나라보다 훨씬 추운 러시아에서는 분리되었다는 클레임이 거의 없다. 이는 러시아에서는 이미 오래전부터 마요네즈를 얼리면 분리된다는 것이 상식처럼 되어 있어서 클레임을 제기하지 않기 때문이다. 오뚜기에서 처음 러시아로 마요네즈를 수출할 때 동결분리를 우려하였으나 기우에 불과하였다.

저온에 의한 분리만큼 자주 발생하는 것은 아니지만 반대로 온도가 너무 높아도 마요네즈는 분리된다. 마요네즈의 유화는 난황의 유화작용에 의한 것인데, 난황이 굳는 온도인 70℃ 이상으로 가열하면 난황이 유화력을 상실하게 되므로 마요네즈가 분리된다.

샐러드를 만들 때 삶아서 익힌 감자, 고구마, 단호박 등의 재료를 식히지 않고 뜨거운 상태 그대로 마요네즈와 버무려도 분리가 발생하기 쉽다. 또한 요리 시 마요네즈를 불 가까운 곳에 방치한다거나, 소포장된 1회용 마요네즈를 뜨거운 밥이 들어있는 도시락에 함께 넣고 포장한다거나 하여도 분리가 일어나기 쉽다.

열에 의한 분리 외에도 진동, 압력, 수분제거 등과 같은 물리적 작용에 의해서도 분리는 일어난다. 진동을 시키거나 압력을 가하면 인접한 식용유 입자가 강제로 접촉하여 서로 뭉치게 되어 분리가 일어난다, 식용유를 둘러싸고 있는 조미액의 수분을 증발시키거나 흡습제 등으로 제거하면 유화의 균형이 무너져 분리가 일어난다. 감자 샐러드와 같이 전분함량이 많은 원료를 사용할 때는 마요네즈 중의 수분이 전분에 흡수되어 분리가 발생하기도 한다.

진동이나 압력에 의한 분리는 연구 목적으로 실험실에서는 행해지기도 하나 일상생활에서는 거의 발생하는 일이 없고, 공장에서 마요네즈를 만들 때 공정 중에서 발생할 가능성은 있다. 예를 들어 배관이 너무 길이 진동이 심하거나, 배관의 폭이 갑자기 줄어들어 병목현상으로 압력이 가해지는 경우에 발생할 수 있다.

마요네즈 중 식용유의 조성을 알아보거나 POV 측정을 위하여 실험실에서 강제로 분리시킬 때는 실험 목적에 맞는 방법을 선택하여야 한다. 단순히 가스크로마토그래피(gas chromatography, GC)로 식용유의 조성을 알아보는 실험을 할 경우에는 어떤 방법을 사용해도 좋으며, 알코올램프로 가열하는 방법이 가장 빠른 시간에 마요네즈를 분리시킬 수 있다.

그러나 산화 정도를 알아보기 위한 목적이라면 산화를 촉진시키는 열을 가하는 방법은 부적절하다. 보통은 마요네즈 샘플에 부피로 약 1/2 정도 되는 무수황산나트륨(sodium sulfate anhydrous, Na_2SO_4)를 넣고 혼합하여 수분을 제거함으로써 분리시키는 방법을 사용한다. 시간적 여유가 있을 때는 냉동고에 1~2일 보관하여 분리시키는 방법을 사용할 수도 있다.

08

마요네즈와
미생물

08

마요네즈와 미생물

마요네즈의 클레임 중에는 맛이나 물성에 관한 것 외에도 샐러드를 먹었는데 배탈이 났다는 식중독에 관한 내용도 종종 있다. 샐러드의 재료에는 마요네즈만 있는 것이 아니고 야채나 과일이 주재료인데 주로 마요네즈가 원인으로 지목된다. 그것은 야채나 과일의 경우 클레임을 제기할 대상이 애매한 데 비하여 마요네즈는 제조회사가 있으므로 만만하게 클레임을 제기할 수 있다는 것도 이유가 되었을 것이다.

요즘도 마요네즈는 계란을 주원료로 하여 만들어지므로 살모넬라(*Salmonella*)에 의한 식중독을 예방하기 위하여 경계하여야 할 식품으로 거론되기도 한다. 살모넬라는 우리나라에서 가장 흔한 식중독균 중의 하나이며, 주요 오염원은 계란, 닭고기, 우유, 육류 등이다. 또한 살모넬라에 의한 식중독은 가정에서 사용한 칼이나 도마 등의 도구로 인해 발생할 수도 있다. 마요네즈가 식중독의 원인 식품이라는 주장은 반은 맞고 반은 잘못된 이야기다.

마요네즈 중의 미생물에 관해서는 많은 연구 결과가 있으며, 공통적인 결론은 정상적으로 제조된 마요네즈라면 살균공정이 없는 제품임에도 불구하고 미생물적으로 매우 안전하다는 것이다. 마요네즈에 일부러 대장균, 살모넬라균 등을 첨가하여도 대부분 24시간 안에 사멸한다고 하였다. 따라서 유통에 걸리는 시간을 고려할 때 소비자가 구입할 즈음에는 이미 모든 식중독균은 사멸된 상태다.

또한 공장에서 마요네즈를 만들 때는 위생적인 조건에서 원료 계란도 신선하고 깨끗한 것만 선택하여 살균한 후 사용하므로 처음부터 식중독균이 오염될 가능성이 매우 낮다. 따라서 공장에서 만들어 시판되고 있는 마요네즈라면 미생물에 의한 식중독을 우려하여 기피할 필요는 전혀 없다.

마요네즈에서 미생물이 번식하기 어려운 것은 여러 가지 원인이 있으나 그중에서도 가장 큰 요인은 산도(酸度)이다. 산도가 높을수록 미생물적으로는 안전하나 신맛이 강해져서 맛이 나빠지게 된다. 따라서 산도는 가능한 한 낮게 유지하는 것이 맛의 측면에서는 유리하다. 결국 미생물적 안전성과 맛을 고려한 적절한 수준에서 배합비를 결정하게 된다.

미생물 억제에서 중요한 역할을 하는 것이 산도라고 하였으나, 더 정확히 말하면 수상(水相) 중의 산도이다. 수상이란 마요네즈의 대부분을 차지하는 식용유를 비롯한 유지 성분을 제외한 나머지 부분을 말한다. 식용유 중에서는 미생물이 번식하지 못하기 때문에 마요네즈 전체 중의 산도보다 수상 중의 산도가 중요한 것이다.

시판되는 마요네즈의 총산도는 보통 0.3~0.4% 정도이며, 식용유가 75~80% 정도이므로 수상은 20~25% 정도가 되고, 수상 중 산도로는 1.2~2.0% 정도가 된다. 실험적 경험에 의하면 마요네즈의 경우 수상 중 산도가 1.2% 이상이면 균을 일부러 접종하여도 사멸하거나 감소하는 경향을 나타냈으며, 식용유 함량이 약 30%인 드레싱이라면 수상 중 산도가 1.4% 이상이어야 같은 효과를 내었다.

참고로, 배합비 중 산도 6.5%인 식초의 함량이 4.6%이고, 식용유의 함량이 76%라면 마요네즈의 수상 중 산도는 다음과 같이 계산된다(식용유 외에도 난황 중의 유지 성분, 올레오레진 중의 유지 성분 등도 있으나, 보통은 계산의 간편화를 위하여 식용유만을 고려한다).

- 총산도(%): 4.6% x 0.065 = 0.299%
- 수상(%): 100% - 76% = 24%
- 수상 중 산도(%): 0.299% ÷ 0.24 = 1.246%

　수상 중 산도가 1.2% 미만이어도 반드시 미생물이 증식하는 것은 아니나 그만큼 위험성이 증가하는 것이므로 원료에 대한 살균을 강화하거나 새니타니즈(sanitize)를 철저히 하는 등 다른 미생물 대책을 병행하여 강구하여야 한다.

　수상 중의 산도가 미생물을 억제하기에 충분하므로 시판되는 마요네즈는 별도의 살균공정이 없어도 유통기한 내내 부패되지 않고 판매할 수 있는 것이다. 마요네즈가 부패하지 않는 것은 방부제를 사용하였기 때문이라고 잘못 알고 있는 사람도 있으나 마요네즈는 본래 방부제를 사용할 필요가 없는 식품이다. 때로는 마요네즈에 사용된 산화방지제를 방부제로 오해하는 사람도 있으나, 식용유의 산화를 억제하는 산화방지제와 미생물이 자라지 못하게 하는 방부제는 전혀 다른 물질이다.

　공장에서 만든 것이 아니라 가정이나 음식점, 단체급식소 등에서 직접 제조하여 사용하는 마요네즈라면 이야기가 달라진다. 우선 작업 환경부터가 공장과 비교하면 비위생적이어서 미생물에 오염되기 쉽고, 계란을 직접 깨어서 사용할 경우 껍데기에 있는 오염물질로부터 난황 속으로 미생물이 섞여 들어가게 된다.

또한 만들어서 바로 사용하게 되므로 유통기한을 신경 쓸 필요가 없어서 맛 위주의 배합을 하게 되어 미생물을 억제하기에 충분한 양의 식초를 사용하지도 않는다. 설사 충분한 양의 식초를 사용했다 하더라도 식초의 작용으로 식중독균이 사멸하는데 필요한 최소한의 시간(약 24시간)이 되기도 전에 사용하게 되므로 제공된 야채샐러드 등의 요리에는 식중독균이 남아있을 가능성이 있다.

실제로 과거에 직접 제조한 마요네즈가 원인이 되어 식중독을 일으킨 사례가 있었으며, 이에 따라 미국을 비롯한 여러 나라에서는 '자가제조 마요네즈(home made mayonnaise)'는 영업용이나 단체급식으로는 사용하지 못하도록 법으로 금지하고 있다.

시판 마요네즈가 안전하다고 하여 마요네즈로 만든 샐러드까지 안전하다고 생각하여서는 안 된다. 앞에서도 말하였듯이 마요네즈의 미생물 억제 능력은 주로 식초 중의 초산(醋酸, acetic acid)에서 기인한다. 그러나 초산이 존재하여도 그 농도가 너무 낮으면 살균 효과가 없어지게 된다.

야채샐러드는 마요네즈와 야채를 버무려놓은 상태이며, 시간이 지남에 따라 야채 중의 수분이 삼투압현상(滲透壓現象)에 의해 마요네즈 쪽으로 이동하게 된다. 따라서 마요네즈의 초산 농도는 점점 묽어지게 되며, 어느 순간이 지나면 미생물 억제 능력을 상실하게 된다. 이런 상태에서 식중독균이 존재하면 증식이 일어나고 식중독의 원인이 될 수도 있다. 실제로 마요네즈를 첨가한 샐러드에서는 미생물이 사멸하지 않고 증식한다는 실험 결과가 많이 있다.

식중독을 예방하려면 다른 음식에서도 일반적으로 적용되는 원칙이 샐러드에도 그대로 적용되어야 한다. 즉, 신선하고 위생적인 원료를 사용할 것, 만든 음식은 오래 보관하지 말고 바로 섭취할 것, 음식은 미생물이 증식하기 어렵도록 냉장고에 보관할 것, 음식물을 가열하여 미생물을 살균할 것 등이다.

이 중에서 네 번째 방법인 가열하는 것은 일반적인 야채샐러드에는 적용할 수 없다. 가열에 의해 마요네즈가 분리될 수도 있고, 야채 고유의 식감이나 풍미가 손상될 수도 있기 때문이다. 다만 단호박, 고구마, 감자 등 익혀서 먹는 식재료를 사용하는 경우에는 열에 강한 마요네즈를 사용하여 살균하기도 한다.

〈식품공전〉에서는 마요네즈의 미생물 규격으로 대장균이 음성일 것만을 규정하고 있으나, 마요네즈의 품질관리 차원에서는 이외에도 일반세균, 유산균, 효모 및 곰팡이 등에 대한 검사도 해야 한다. 관리 규격은 일반세균의 경우 g당 300CFU 이하로 하고, 유산균이나 효모 및 곰팡이는 음성이어야 한다.

일반세균은 모든 식품에서 기본적으로 확인하여야 할 지표이며, 제조 직후의 마요네즈에서는 보통 g당 수십~수백 CFU 수준으로 검출된다. 유산균은 비교적 산에 강하여 마요네즈에서 종종 발견되는 경우가 있고, 번식할 경우 유산을 생성하여 마요네즈에 신맛을 부여한다. 효모 및 곰팡이는 전분을 사용한 마요네즈에서 종종 발견된다.

마요네즈의 미생물을 제어하기 위해서 가장 중요한 것은 수상 중 산도이나, pH 역시 중요한 변수이다. pH가 낮을수록 미생물이 증식하기 어려우며, 일반적으로 산도가 높으면 pH가 낮아진다. 식초 함량이 같더라도 단백질 등의 완충물질이 있다면 pH는 낮아지지 않아 살균력이 떨어지게 된다.

시판되는 마요네즈의 pH는 3.5~4.2 정도로서 중간산성식품(pH 3.5~4.5)에 해당한다. 그러나 같은 pH라 하여도 어떤 유기산인지에 따라 살균력에는 차이가 있다. 마요네즈의 원료로는 식초, 감귤류의 과즙 등이 사용되며, 감귤류의 과즙에 있는 구연산은 식초의 초산에 비해 살균력이 현저히 떨어진다. 위에서 말한 수상 중 산도는 초산을 기준으로 한 것이다.

식염이나 설탕 등의 조미료도 방부효과가 있어서 여러 식품의 보존 방법으로 널리 사용되고 있다. 그러나 이들 조미료는 맛 때문에 사용량에 제한이 있을 수밖에 없고, 보통 마요네즈에는 1~2% 정도 사용된다. 이 정도 농도라면 미생물 억제 효과는 매우 낮고, 식초에 비해 미생물에 대한 영향력은 미미한 수준이다. 따라서 마요네즈에 있어서 미생물적 관점에서는 크게 고려하지 않는다.

일부 향신료에 방부효과가 있다는 것은 여러 논문에서 발표되고 있다. 마요네즈에는 겨자에서 추출한 정유(精油, essence oil) 성분인 겨자유(mustard oil)가 주로 사용된다. 겨자유는 효모 및 곰팡이 등의 미생물을 억제하는 효과가 있다. 겨자유의 사용량은 40~70ppm(0.004~0.007%) 정도가 적당하다. 겨자유는 매운맛을 부여하여 식용유의 느끼함을 잡아주는 효과도 있다.

미생물 억제를 위해 공장에서 일반적으로 사용하는 방법이 철저한 새니타이즈(sanitize)다. 새니타이즈란 마요네즈 제조 환경 및 설비, 도구 등을 세척하고 살균하는 등 위생적인 처리를 하는 것을 말한다. 마요네즈 공장에서는 매일 작업이 끝난 후에 새니타이즈를 하고, 주기적으로 전체 설비를 분해 세척하는 정밀 새니타이즈를 실시한다.

마요네즈 제조에는 가열이나 살균하는 공정이 없으므로 사용하는 원료는 가능한 한 미생물 수준이 낮은 것을 선택하여야 한다. 마요네즈에 사용하는 주원료 중에서 미생물적으로 취약한 것은 난황이며, 반드시 살균하여 사용한다. 난황의 살균은 멸균이 아니므로 어느 정도 미생물은 남아있게 된다. 따라서 살균한 난황은 미생물이 증식하지 못하도록 10℃ 이하에서 보관하여야 한다.

주원료는 아니나 분말향신료, 검류, 전분 등의 분말원료에는 미생물이 있을 수 있으므로 원료를 선택할 때 미생물 수준을 확인하여야 한다. 미생물적으로 불안힌 분말원료를 사용하어야만 할 경우에는 미리 배합에 사용할 식초에 분말원료를 담가두거나, 가열하여 살균하는 방법도 있다. 향신료는 분말 대신 에센스(essence)나 올레오레진(oleoresin)을 사용하는 것이 미생물적 관점에서는 안전하다.

09

마요네즈와
콜레스테롤

09

마요네즈와 콜레스테롤

마요네즈에는 콜레스테롤(cholesterol)이 많아 건강에 좋지 않다는 이유로 기피하는 사람들이 있으며, 일부 영양 관련 문헌에서도 이런 취지의 권유를 하고 있는데 이는 우리가 잘못 알고 있는 식품상식 가운데 하나이다. 과거에는 단순히 마요네즈 중의 콜레스테롤 함량만을 주목하여 그런 견해가 있었으나 최근의 연구 결과는 전혀 다르게 나타나고 있다.

콜레스테롤은 동맥경화와 이것이 원인이 되어 일어나는 심장병, 뇌혈관 장애 등을 일으키는 물질로서 흔히 몸에 해로운 물질로 취급된다. 그러나 지방질의 일종인 콜레스테롤은 우리 몸을 구성하는 성분으로서 손상된 세포를 보수하거나 새롭게 재생하는데 꼭 필요하다. 또 콜레스테롤은 부신피질호르몬, 성호르몬 및 지방의 소화에 꼭 필요한 담즙산을 만드는 재료가 된다. 이와 같이 콜레스테롤은 우리 몸에 해로운 것이 아니라 꼭 필요한 중요한 물질이다.

콜레스테롤은 다른 지방질, 단백질 등과 함께 결합된 지질단백질(脂質蛋白質, lipoprotein)이라는 작고 둥근 입자 형태로 혈액 중에 존재한다. 콜레스테롤을 운반하는 지질단백질은 간에서 각 조직으로 콜레스테롤을 실어 나르는 저밀도지질단백질(low density lipoprotein, LDL)과 각 조직에서 간으로 콜레스테롤을 가져오는 고밀도지질단백질(high density lipoprotein, HDL)이 있다.

보통 HDL 콜레스테롤은 혈관을 청소하는 '좋은 콜레스테롤'로 불리고, LDL 콜레스테롤이 많으면 혈관으로 콜레스테롤이 많이 쌓여서 동맥경화가 촉진되므로 '나쁜 콜레스테롤'로 불리고 있다. 그러나 최근에는 HDL 콜레스테롤도 지나치게 많으면 건강에 나쁘다는 연구 결과가 나오기도 하였다.

일반적으로 HDL 콜레스테롤은 60mg/dℓ 이상, LDL 콜레스테롤은 130mg/dℓ 미만을 유지하는 것이 권고되고 있다. 총콜레스테롤이 200mg/dℓ 이하이면 정상적인 것으로 보고, 총콜레스테롤이 240mg/dℓ을 넘으면 고콜레스테롤혈증(hypercholesterinemia)이라고 한다.

우리 몸의 콜레스테롤 중 음식물을 통해 얻어지는 콜레스테롤은 전체 콜레스테롤의 30% 정도이며, 나머지 약 70%는 간(肝)에서 만들어진다. 음식으로 흡수된 콜레스테롤의 양이 많아지면 우리 몸은 간에서의 콜레스테롤 합성을 줄여 항상 일정한 수준의 콜레스테롤을 유지하는 조절 능력을 갖고 있다. 하루에 간에서 만들어지는 콜레스테롤의 양은 600~800mg 정도가 된다고 한다.

미국 연방정부의 영양 관련 자문기관인 식생활지침자문위원회 (DGAC)에서 발표한 '2015년판 식생활 지침 권고안'에 따르면 "음식물을 통한 콜레스테롤 섭취가 혈중 콜레스테롤을 증가시킨다는 증거가 부족하다"라며 콜레스테롤 섭취에 대한 유해성 경고를 삭제했다. 1980년에 '식생활 지침'을 처음 제정할 당시 작성된 콜레스테롤에 대한 경고를 취소한 것이다.

마요네즈에 콜레스테롤이 많은 것은 계란을 주원료로 사용하기 때문이다. 실제로 계란 가식부 100g에는 약 475mg의 콜레스테롤이 들어 있으며, 계란이 콜레스테롤 덩어리라는 것은 명백한 사실이다. 따라서 예전의 기준에 따르자면 계란은 절대 먹지 말아야 할 음식이 되는 셈이다. 이 때문에 미국에서도 1970~1995년 기간 중 계란의 소비가 20~30% 감소하는 등 전 세계적으로 계란 소비가 감소했었다.

그러나 1990년대에 접어들면서 계란노른자 속의 레시틴(lecithin)이란 성분이 콜레스테롤의 흡수를 방해하므로 계란을 먹어도 콜

레스테롤 수치가 올라가지 않으며, 계란노른자 속의 콜린(choline)
이라는 성분은 두뇌 활동에 도움을 줘서 기억력을 향상시킬 뿐 아
니라 치매를 예방한다는 등의 연구 결과가 잇따르면서 계란 소비
가 다시 증가하기 시작했다.

의사들은 고지혈증(高脂血症) 환자에겐 계란을 1주일에 3개 이하
로 먹으라고 권고하지만, 콜레스테롤 수치가 높지 않다면 하루
2~3개씩 먹어도 전혀 문제가 되지 않는다고 한다. 콜레스테롤이
높은 식품을 무조건 멀리하는 사람이 많은데 고지혈증 환자가 아
니라면 구태어 가려 먹을 필요는 없다.

마요네즈는 식용유, 계란, 식초가 주원료이며 계란의 배합량은
통상 10% 이하이다. 현재 시판되고 있는 국산 마요네즈의 콜레스
테롤 함량은 100g당 30㎎ 정도로서 매우 적은 양이다. 뿐만 아니
라 통상 1회 섭취량인 100g의 샐러드를 만들 때는 많아야 2스푼
정도의 마요네즈(약 30g)를 사용하게 되는데 이것을 콜레스테롤 양
으로 환산하면 9㎎ 정도이며, 이 정도는 문제 삼을 것이 못 된다.

최근 마요네즈의 주원료인 식물성식용유에 들어있는 식물성 스
테롤(sterol)이 주목받고 있다. 이 식물성 스테롤들은 지금까지 영
양학적으로는 그다지 주목을 받지 못했던 성분이다. 그런데 식물
성 스테롤의 일종인 시토스테롤(sitosterol)과 시토스테롤의 지방산
에스테르 같은 유도체가 콜레스테롤의 흡수를 억제하고 혈액 중

LDL의 양을 20~30% 감소시킨다는 연구보고가 1981년경부터 나오기 시작하였다.

미국 식품의약청(FDA)은 2001년 4월 식물성 스테롤에스테르나 식물성 스탄올에스테르를 함유하고 있는 식품이 관상동맥 심장질환의 위험도를 감소시키는 효과가 있다고 표기하는 것을 잠정적으로 인정하였다. 이 결정은 두 에스테르가 혈중 콜레스테롤 수치를 낮춤으로써 관상동맥 심장질환의 위험성을 경감시킨다는 FDA의 연구결과에 근거한 것이다.

2004년 일본의 아지노모토(味の素)사는 식물성 스테롤에스테르(SE)를 첨가하여 혈중 콜레스테롤을 저하시키는 마요네즈를 개발하였다고 발표하였다. 일본 성인 남성 55명을 두 그룹으로 나누어 한 그룹에는 SE를 884mg 함유한 마요네즈를, 다른 한 그룹에는 시판 마요네즈를 각각 3개월 동안 매일 15g씩 섭취하게 한 결과 SE 함유 마요네즈를 섭취한 그룹은 혈중 총콜레스테롤이 1개월 후 저하되어 그 후로 낮은 수준을 유지했으나, 시판 마요네즈의 경우는 콜레스테롤에 변화가 없었다고 한다. 이 실험 결과는 역설적으로 일반 마요네즈를 매일 15g씩 섭취하여도 혈중 콜레스테롤은 증가하지 않는다는 증거가 된다.

마요네즈와 콜레스테롤에 관한 다른 실험에서는 시판 마요네즈를 매일 15g씩 12주간(약 3개월) 섭취하게 한 결과 정상인에서는 콜레스테롤 수치에 변화가 없었으나, 고지혈증환자에서는 오히려 저하하였으며, 이것은 마요네즈의 주원료인 식물성식용유에 많이 함유되어 있는 불포화지방산의 일종인 올레인산의 효과일 것으로 추정하였다. (東儀宣哲, 上嶋稔子; 新藥と臨床 第48卷 第3号, 1999)

10

마요네즈의
점도

10

마요네즈의 점도

어떤 사람들은 마요네즈가 마가린과 비슷하게 반고체 상태를 유지하고 있으므로 마요네즈에도 마가린과 같이 경화유(硬化油)가 사용되고 있다고 오해하기도 한다. 그러나 마요네즈는 경화유를 전혀 사용하지 않는다. 경화유는 상온에서 액체인 식물성식용유에 수소를 강제로 첨가하여 상온에서 고체인 식용유로 만든 것으로서, 이 과정에서 건강에 해로운 트랜스지방산이 만들어지기도 한다.

액체인 식물성식용유와 역시 액체인 조미액(식초, 물, 식염, 설탕 등의 혼합액)을 섞었는데 점도가 높은 반고체 상태의 마요네즈가 만들어지는 것은 여러 가지 원인이 있으나 기본적으로는 난황으로 둘러싸인 식용유 입자 사이에 작용하는 표면마찰력(表面摩擦力)에 의한 것이다.

표면마찰력은 접촉하고 있는 표면적이 넓을수록 커지게 되며, 같은 양의 식용유라면 입자가 작아질수록 표면적은 커지게 된다. 즉, 식용유의 입자가 작은 마요네즈일수록 점도가 높아지게 된다. 동결에 의해 마요네즈의 분리가 진행될 때 점도가 점차 낮아지는 것도 식용유의 입자가 커지기 때문이다.

일반적으로 집에서 만든 마요네즈보다 공장에서 만든 마요네즈의 점도가 높으며, 그 이유는 식용유의 입자가 작기 때문이다. 공장에서 만들어진 시판용 마요네즈의 식용유 입자 크기는 직경이 4~8㎛ 정도이고, 집에서 직접 만든 마요네즈의 경우는 보통 15㎛ 이상이 된다.

참고로, 마요네즈가 희게 보이는 것은 식용유 입자에 의한 빛의 난반사(亂反射) 현상 때문이며, 입자가 작을수록 백색에 가깝고 입자가 커질수록 식용유와 조미액의 고유한 색상(노란색)이 나타나게 된다. 동결에 의해 마요네즈의 분리가 진행됨에 따라 색상이 변하는 것은 이 때문이다.

플라스틱 용기에 들어있는 3.2kg 업무용 마요네즈에서 표면이 노랗게 보이는 것은 분리에 의해 입자가 커졌기 때문이 아니다. 업무용 마요네즈의 경우 헤드스페이스(head space)의 공간이 큰 편이며, 표면에 노출되어 있는 조미액의 수분 증발에 의한 농축 효과 및 공기와의 접촉에 의한 갈변현상의 영향이 크다.

마요네즈의 점도는 배합비, 제조설비, 제조조건(주로 온도) 등 여러 가지 요인에 의해 결정된다. 일반적으로는 식용유, 난황, 증점제 등의 원료 함량이 높을수록 점도가 높으며, 유화기의 교반이 격렬하거나 균질기의 간격이 좁을수록 점도가 높다. 처음부터 식초를 투입하는 것보다는 맨 마지막에 식초를 넣는 것이 점도가 높고, 원료의 온도가 낮을수록 점도가 높아진다.

마요네즈의 점도는 고정된 것이 아니라 제조 후 시간의 경과에 따라 계속 변하게 된다. 특히 제조 직후 수 시간 동안에는 급격하게 점도가 상승하게 된다. 이는 균질화가 끝난 마요네즈가 구조적 안정화와 더불어 식초에 의한 물성변화를 겪게 되는 세팅(setting) 현상이 일어나게 되기 때문이다. 일단 세팅이 끝난 마요네즈도 보존 기간이 길어지면 서서히 점도가 변하게 된다. 일반적으로는 보존 기간이 길어질수록 점도가 상승하나 반드시 그런 것은 아니다.

마요네즈는 반고체로서 점성(粘性, viscosity), 탄성(彈性, elasticity), 강도(强度, strength) 등의 물리적 특성을 지닌다. 이론적인 탐구의 목적으로는 여러 가지 측정기기를 사용할 수 있으나 실무적인 품질관리 목적으로는 주로 점도를 측정하게 된다. 점도계도 여러 가지가 있으나 마요네즈의 경우는 미국 브룩필드(Brookfield)사의 B

형 점도계가 일반적으로 사용된다.

브룩필드 점도계는 측정하려는 물체 속에서 로터(rotor)라고 불리는 원판을 회전시켜 물체와 로터 사이에서 발생하는 저항으로 점도를 측정하는 장치이며, 마요네즈의 경우는 B형 점도계의 No.6 rotor, 회전수 2rpm의 조건에서 측정한다. 점도계의 눈금은 0에서 100까지 있으며, 눈금 1은 5Pa·s를 표시한다.

생산 현장에서는 점도의 단위를 무시하고 눈금이 가리키는 숫자를 그대로 품질 규격으로 사용하는 것이 보통이다. 마요네즈에 있어서 점도 규격은 중요한 품질관리 항목이 된다. 점도 측정만으로 유화 및 균질화 정도를 간접적으로 파악할 수 있다. 규정된 점도 규격보다 높으면 샐러드 제조 시 잘 버무려지지 않으며, 낮으면 고소한 맛이 덜할 수 있다.

일반적인 품질관리의 목적으로 점도를 측정할 경우에는 온도에 크게 신경을 쓰지 않아도 좋으나, 보존시험을 하거나 제품 사이의 비교를 위하여 연구 목적으로 점도를 측정할 때는 비슷한 온도로 하여 측정하거나 측정온도를 같이 기록하는 것이 좋다. 점도는 온도의 영향을 받으며, 같은 제품이라도 온도가 낮을수록 점도는 높아진다. 따라서 냉장고에서 바로 꺼낸 제품은 상온에 있던 제품보다 점도가 높다.

유통기한 확인을 위한 가속시험을 위하여 37℃ 정도의 고온에 보관하였을 경우는 마요네즈가 굳어지는 현상이 나타날 수 있다. 이 경우는 로터를 마요네즈에 꽂을 때 마요네즈가 갈라지기도 하며, 마요네즈의 점성이 사라져 로터가 헛도는 현상이 나타나서 B형 점도계로 점도를 측정하는 것이 불가능하게 된다.

11

마요네즈의 유통기한

11

마요네즈의 유통기한

내가 오뚜기의 마요네즈 연구원으로 근무할 당시 고객상담실로 접수된 소비자의 질문 중 자주 접하였던 것 중의 하나가 "유통기한이 지난 마요네즈인데 먹어도 될까요?"라는 것이었다.

유통기한(流通期限)이란 제품의 제조일로부터 소비자에게 판매가 허용되는 기한을 말하며, 간단히 말하면 판매할 수 있는 마지막 날을 의미한다. 흔히 유통기한을 먹을 수 있는 마지막 한계라고 생각하고 있으나, 유통기한이란 표시된 보관방법을 지켰을 경우 유통시킬 수 있는 한계를 의미한다.

어떤 식품이거나 유통기한을 정할 때는 물리적, 화학적, 미생물적 변화를 모두 고려하여 종합적으로 판단하게 된다. 마요네즈의 경우 정상적으로 제조되었다면 원료 중 식초의 영향으로 아무리 오래 보관하여도 미생물에 의해 부패하는 일은 없기 때문에 미생물적 변화는 중요한 변수가 아니다.

마요네즈를 0℃ 이하의 온도에 보관하면 분리되는 등 물리적인 변화가 일어나기는 하나 이는 보관상의 부주의에 의한 것일 뿐 정상적인 마요네즈라면 1년 이상 보관하여도 물리적인 변화는 거의 없다. 결국 마요네즈의 유통기한을 결정하는 것은 화학적인 변화다.

마요네즈에서 일어나는 대표적인 화학적 변화이며, 맛에 심각한 영향을 주어 유통기한을 정하는 데 결정적인 요소는 식용유의 산화(酸化)다. 식용유는 공기 중의 산소와 결합하여 불쾌하고 자극성이 있는 냄새를 발생하는 물질을 생성하게 되는데 이것이 식용유의 산화이며, 일반적으로는 "찐내가 난다" 또는 "산패(酸敗)하였다"라고 표현된다.

산패가 극도로 진행된 유지를 섭취하면 영양학적으로 인체에 좋지 않은 영향을 끼칠 수 있으나, POV 60 이하의 산패 정도로는 문제가 되지 않는다고 한다. 그런데, 마요네즈의 경우 POV가 20 정도만 되어도 냄새가 심하여 먹을 수 없고, 실수로 먹었다고 하여도 구역질을 하여 토해낼 정도의 역한 맛이므로 마요네즈를 먹고 탈이 날 가능성은 거의 없다(※ 마요네즈의 원료 중 특정 성분에 알레르기 반응이 있는 경우는 예외).

산패취(酸敗臭)를 느끼는 정도는 사람에 따라 개인차가 있어, 어떤 사람은 미량의 산화물에 산패취를 느끼기도 하고 어떤 사람은 상당히 산화가 진행되어도 산패취를 느끼지 못한다. 따라서 관능적인 맛과 병행하여 산패의 객관적 기준으로서 과산화물가(過酸化物價, POV)를 측정하여 유통기한 설정에 참고하게 된다.

처음의 질문으로 돌아가 "유통기한이 지난 마요네즈인데 먹어도 될까요?"에 대한 답은 "상황에 따라 먹어도 된다."이다. 여기서 상황이란 그 마요네즈가 어떤 조건에서 보관되었느냐 하는 것이다. 그러나 소비자는 유통기한이 지나도록 어떤 조건에서 유통되고 보관되었는지 알 수는 없으며, 결국 문제는 맛인 것이다.

미생물적으로나 영양학적으로나 소량의 마요네즈를 먹고 탈이날 가능성은 없으므로 티스푼 하나 정도의 양으로 맛을 보아 먹을수 있다고 판단되면 먹어도 된다. 일반적으로 유통기한이 조금 넘은 것은 먹어도 좋다고 말할 수 있다. 마요네즈 판매 회사들의 경우 먹어서는 안 된다는 공식 입장을 취하고 있으나, 이는 유통기한이 지난 마요네즈를 먹고 만에 하나 이상이 있을 경우 수습하기가 곤란한 여러 문제가 발생하기 때문일 뿐이다.

다만 유통기한이 지났어도 먹을 수 있다는 것이지, 맛있는 마요네즈를 먹을 수 있다는 것은 아니다. 식용유의 산화는 마요네즈가 만들어지고 나서부터 천천히 진행되고 있는 것이며, 그에 따라 맛도 최초의 가장 신선한 맛에 비하여 점점 나빠지고 있는 것이다.

따라서 맛있는 마요네즈를 즐기려면 가능한 한 제조 후 경과 시간이 짧은 마요네즈를 구입하고, 일단 개봉했으면 빠른 시간 안에 소비할 것을 권장한다. 마요네즈의 소비량은 가정마다 차이가 있으므로, 대략 1개월 이내에 소비할 수 있는 정도의 마요네즈를 구입하는 것이 쇼핑의 지혜다.

마요네즈 신제품을 개발하여 유통기한을 설정하고자 할 때는 식품의약품안전처에서 고시한 '식품, 식품첨가물, 축산물 및 건강기능식품의 유통기한 설정기준'을 참고하여 미생물적, 물리적, 화학적 변화와 함께 관능적인 맛이나 색의 변화 등을 모두 고려하여 종합적으로 판단하게 되며, 보통은 다음과 같은 과정을 거치게 된다.

마요네즈는 일반적으로 미생물에 안전한 것으로 알려져 있으나, 유통기한을 설정하고자 하는 해당 마요네즈도 안전한지 확인해야 한다. 이를 위하여 기본적으로 2가지 미생물 테스트를 실시하게 된다. 미생물 테스트와는 별도로 참고용으로 pH를 측정하는 것이 좋다. pH는 제조 직후 1회만 측정하면 되고, 보존 중의 시료마다 측정할 필요는 없다.

첫째는, 생산 현장의 통상적인 제조 조건에서 생산한 마요네즈의 미생물 수준을 확인하는 것이다. 보통 일반세균과 대장균을 검사하게 되며, 제조 직후와 35℃에서 2일 및 7일 보존한 후의 미생물 수준을 확인하게 된다. 일반세균은 g당 3.0×10^2CFU 이하면 정상적인 것으로 보고, 대장균은 음성이어야 한다.

둘째는, 미생물을 접종하여 초기균수를 높인 후 균수의 변화를 확인하는 것이다. 접종하는 미생물은 마요네즈 또는 드레싱에서 순수하게 분리·동정한 균이나 살모넬라(*Salmonella*), 황색포도상구균(*Staphylococcus aureus*), 바실러스(*Bacillus cereus*) 등의 식중독균을 사용하는 것이 가장 좋으나, 이런 균을 확보하기가 어려울 경우에는 일반세균이나 대장균을 사용할 수도 있다.

균을 배양하여 초기균수 $1.0 \times 10^5 {\sim} 10^6$CFU 정도로 조정하여 접종한 후 초기균수를 확인하고, 35℃에 보관하며 적당한 시간 간격으로 샘플을 꺼내어 약 1주일 동안 균수의 변화를 관찰한다. 균수의 변화가 없거나 증가 경향이면 미생물적으로 불안전한 것으로 판단하여 배합비를 재검토하여야 되고, 감소하면 안전한 것으로 판단한다.

마요네즈의 유통기한 설정에서 물리적인 변화란 점도의 변화, 유화력이 약해져서 나타나는 이수(離水) 발생 등이 있을 수 있다. 제품 점도의 변화는 주로 시간이 중요한 이유이지만, 온도 역시 무시할 수 없는 변수가 된다. 동결에 의한 분리는 치명적인 물리적 변화이긴 하지만, 유통기한 설정에서 고려 대상은 아니며, 제품의 표기사항에 "0℃ 이하에 보관하면 분리될 수 있다"라는 취지의 주의사항을 표기하여 대응하도록 한다.

마요네즈의 유통기한을 설정하기 위한 보존실험을 할 때는 실제 유통조건을 고려하여 실험을 설계하여야 하며, 가장 보편적인 조건에서의 산화 속도를 기준으로 하게 된다. 유통기한이 8개월로 되어 있는 제품이라도 유통경로나 보관조건이 최악인 상태였다면 3개월 만에도 먹을 수 없는 제품이 될 수 있으며, 반대로 가장 이상적인 조건에서 보관된 제품이라면 1년이 경과되었더라도 먹을 수 있다.

보존실험을 위한 샘플은 실제 유통될 제품과 동일한 것으로 충분한 양을 준비하여 보존하며, 일정한 간격으로 꺼내어 측정한다. 보존은 2개 군으로 하여 25℃ 항온과 실제 유통 온도(1~35℃)와 유사한 실험실 내의 실온(室溫)에 방치하여 보존한다(※ 마요네즈의 유통조건인 실온 보존품의 결과를 우선으로 하고, 25℃ 보존품의 결과를 참고한다).

측정 항목은 외관, 점도, 풍미, POV 등으로 한다. 외관은 변색, 분리, 조미액 누출 등의 성상 변화를 육안으로 관찰하여 이상 유무를 확인하는 것이고, 점도는 참고용으로 측정하는 것이다. 관능검사 항목인 풍미 점수가 주된 판단 근거이나 객관적인 수치로 표시되는 POV 측정값을 고려하여 유통기한을 설정하게 된다.

보존실험은 결정을 내리는 데 도움을 주기 위하여 유통기한의

한계로 판단된 것보다 샘플링 간격이 한 차례 더 지난 것까지 확인하는 것이 좋다(예; 15일 간격으로 샘플링 하여 보존실험을 하였다면, 유통기한의 한계로 판단된 것보다 15일 더 지난 것까지 확인한다).

유통기한 설정에서 가장 중요한 판단 근거가 되는 풍미의 경우 혼자보다는 여러 사람이 평가하는 것이 좋다. 풍미의 평가는 개인의 주관적인 판단에 의한 것이므로 평가자에 따라 편차가 심할 수 있다는 점을 감안하여야 하며, 다음과 같은 5단계 기준을 제시하고 풍미를 평가하게 하여 2.5~3.0점 사이의 어느 시점을 한계로 판단한다.

<5점> 제조 직후의 신선한 풍미

<4점> 신선하지는 않으나 이미(異味), 이취(異臭)가 느껴지지는 않는 상태

<3점> 약간의 이미, 이취가 있는 것 같기도 하나 확실하지 않은 상태(맛에 예민한 사람은 산패취를 느낄 수 있는 상태로서, 클레임 가능성이 있는 풍미)

<2점> 이미, 이취가 느껴지기는 하나 먹지 못할 정도로 거부감이 있지는 않은 상태(대부분의 사람이 산패취를 느낄 수 있는 상태로서, 클레임 가능성이 높은 풍미)

<1점> 이미, 이취가 심하여 먹지 못할 정도의 상태

풍미의 평가는 인원이 많을 경우 소수점 이하를 인정하지 않고, 인원이 적을 때는 소수점 첫 자리까지 인정한다. 보통은 동료 연구원들이 평가자가 되며, 시식 평가의 경험이 많으므로 대조구를 제시하지 않으나, 신입사원 등 경험이 부족한 평가자라면 제조 직후의 신선한 마요네즈를 대조구로 제시하는 것이 좋다.

그러나 현실적으로는 담당자 혼자서 평가하게 되고, 대조구 없이 평가하게 되는 것이 일반적이다(평소에는 담당자 혼자 하고 풍미한계의 판정을 내릴 즈음에만 여러 사람의 평가를 받아보는 방법도 있다). 결국 담당자가 제조 직후의 신선한 맛과 산패가 진행되면서 변해가는 풍미의 단계적 저하를 경험을 통해 취득하는 수밖에 없다. 이를 보완하기 위해 단계별로 POV값이 어느 정도인지 Data를 축적하여 두어야 한다.

풍미한계의 판단 기준은 소비자 클레임으로 접수된 마요네즈의 풍미를 고려하여 정한다. 실제 적용되는 유통기한은 풍미한계에 안전계수(安全係數, safety factor)를 고려하여 단축한 기간까지로 하게 된다. 적용되는 안전계수는 정해져 있는 것은 없고, 제조사별로 유통의 관리 상태와 클레임이 판매에 어느 정도로 심각한 변수인가를 감안하여 정하게 된다.

일반소비자용이라면 안전계수는 보통 보존시험의 결과에서 2개월 정도를 감하여 유통기한을 설정하게 된다. 예로서, 보존시험

결과 10개월까지는 먹을 수 있다고 판단하였다면 소비자가 구입한 후 소비하기까지 걸리는 시간 1개월과 유통경로의 차이에서 오는 변수 1개월을 감안하여 8개월로 결정하게 된다.

개발 중인 제품의 유통기한을 잠정적으로 추정할 때는 가속시험(加速實驗)으로 대체하기도 하나, 원칙적으로 보존시험은 시간이 걸리더라도 실제 유통조건으로 확인하여야 한다. 가속실험은 주로 화학적인 변화를 빨리 알아보기 위해 실시하는 것이며, 통상적인 유통조건보다 상당히 높은 온도에 보관하여 변화를 측정하게 된다.

일반적으로 온도가 10℃ 상승하면 화학반응의 속도는 약 2배 증가한다. 유통기한 예측을 위한 가속실험에서는 37℃에서 1주 보존한 것을 실온 1개월 보존으로 간주하는 경우가 보통이다. 그 근거는 유통조건인 실온(1℃~35℃)의 평균(18℃)보다 대략 20℃ 높은 온도여서 반응속도가 4배로 되고, 따라서 실온 4주(약 1개월)에 해당하기 때문이다.

가속시험의 결과는 반드시 실온 보존시험으로 확인하여야 하며, 경험상 실제 실온 보존시험의 결과와 크게 차이가 나지는 않았다. 보존 온도를 37℃로 하는 이유는 대장균의 배양온도가 37℃이므로 인큐베이터를 쉽게 활용할 수 있기 때문이다. 가속실험은 풍미와 POV를 위주로 한다. 37℃에 보관할 경우 마요네즈의 색이 짙어질 수 있으며, 굳는 현상이 나타나 점도 측정이 불가능해질 수도 있다.

유통기한을 설정하는 실험은 수개월의 시간이 소요되므로, 실무적으로는 출시 기간을 단축하기 위하여 '유통기한 설정기준'의 제4장에서 규정하고 있는 '유통기간 설정실험을 생략할 수 있는 경우'를 적용하여 이미 유통기한이 설정되어 유통되고 있는 제품 중에서 개발품과 성상, 배합비, 제조공정, 포장재 등이 유사한 제품의 유통기한을 참고하여 설정하는 것이 보통이다.

자체적으로 유통기한 설정시험을 수행하기 어려운 소규모 회사라면 고시에서 정하고 있는 곳에 시험을 의뢰할 수도 있다. 관공서에 신고용으로 제출하는 유통기한과는 별도로 출시 후에라도 보존시험을 하여 실제 데이터(Data)를 확보하여 두는 것이 필요하다. 유통된 후에는 소비자의 반응에 따라 유통기한을 재설정하거나 유통기한 연장을 위한 개선을 하게 된다.

참고로 「식품 등의 표시·광고에 대한 법률」개정안이 2021년 7월 24일 국회를 통과하여 2023년 1월 1일부터는 '유통기한' 대신 '소비기한'을 표시하게 된다. 소비기한이란 식품에 표시된 보관방법을 준수할 경우 섭취하여도 안전에 이상이 없는 기한을 말한다.

유통기한 대신 소비기한 표시제를 도입하게 된 배경은 일반인들이 유통기한을 먹을 수 있는 한계로 인식하여, 식용으로 하여도 아무 이상이 없는 제품이 연간 1조5천억 원 이상 폐기되어 자원의 낭비 및 환경오염 문제를 발생시키고 있기 때문이다. 유통기한이 소비기한으로 변경되면 당분간 소비자가 혼동을 일으킬 수 있으므로 이에 대한 안내와 홍보가 필요할 것이다.

12

마요네즈
만들기

12

마요네즈 만들기

마요네즈는 만들기가 어렵지 않으며, 요령만 안다면 누구나 쉽게 만들 수 있는 간단한 소스다. 여러 요리책에 만드는 방법이 소개되어 있고, 레시피도 제각각이지만 꼭 이렇게 해야만 한다는 정답은 없다. 다만, 만들기가 쉽고 어려움의 차이가 있고, 완성된 마요네즈의 점도나 맛에서 차이가 있을 뿐이므로 자신에게 가장 알맞은 방법과 레시피를 선택하면 될 것이다.

마요네즈에 들어가는 원료로는 필수 원료로서 식물성식용유와 계란노른자(卵黃)가 있으며, 기타 기호에 따른 선택 원료로서 식초 또는 감귤류의 과즙, 설탕, 소금, 향신료 등이 있다. 마요네즈의 기본적인 배합비는 식물성식용유 70~80%, 난황 6~10%, 식초

10~15%, 기타 원료 약 5% 정도이다.

예로서, 500g 정도의 마요네즈를 만들려면 식물성식용유 약 400㎖, 계란 2~3개(계란 1개 중의 노른자는 약 15g), 식초 50~75㎖, 소금 약 8g(티스푼 2개 정도), 설탕 약 5g(티스푼 1개 반 정도), 겨자분 등 향신료 약 1g(티스푼 1개 정도)이 필요하다.

마요네즈를 포함한 드레싱류를 만들 때의 배합비는 "식용유는 낭비가(浪費家)에 맡기고, 식초는 구두쇠에 맡기고, 식염은 상담(相談) 전문가에 맡겨라"라는 스페인의 격언을 명심하는 것이 좋다. 즉, 식용유는 아낌없이 쓰고, 식초는 가능한 한 소량 사용하고, 식염은 적지도 많지도 않게 적당히 사용하여야 맛있는 드레싱을 만들 수 있다는 의미다.

마요네즈 중의 식용유 입자가 모두 동일한 크기의 구형(球形)이라면, 이론적으로는 식용유와 식용유를 제외한 나머지 부분의 체적비(體積比)가 약 75:25가 되는 시점이 식용유를 첨가하는 한계가 된다. 실제로는 식용유 입자의 크기가 일정하지 않고, 형태도 완전한 구형이 아니므로 75% 이상 80%까지도 식용유를 넣을 수 있는 것이다.

그러나 80%에 가까워질수록 균형이 깨지기 쉬운 상태로 되는 것이므로 어느 한계 이상이 되면 유화상태가 파괴되어 분리가 일어나게 된다. 실험을 목적으로 연구실에서 조심스럽게 제조하였을 경우 식용유는 최대 94.5% 정도까지도 첨가가 가능하였다.

식용유의 함량이 80%에 가까우면 점도도 높고 고소한 맛도 강해지나 만들기가 어려우므로 초보자라면 고소한 맛은 덜하나 비교적 실패하는 일이 적어 만들기 쉬운 70%에 가까운 배합비를 선택하는 것이 좋다. 유화제 역할을 하는 계란노른자를 많이 사용하면 식용유의 함량이 많아져도 유화상태를 유지시키기 쉽다.

일부 요리책에는 올리브유를 사용해야만 한다고 되어 있으나 상온에서 액체인 식용유라면 대두유, 옥배유, 채종유, 올리브유 등 어느 것이나 관계없다. 올리브유를 사용하여야 한다는 말이 나오게 된 것은 마요네즈가 공업적으로 생산되기 전 유럽의 대부분의 가정에서 주로 사용하던 식용유가 올리브유였기 때문에, 올리브유를 사용하여 손으로 직접 제조하던 전통이 요리책의 레시피로 반영되었기 때문으로 보인다.

일부 요리책에서는 식초 대신에 오렌지, 귤, 레몬 등 감귤류의 과즙(果汁, juice)을 사용하기도 한다. 판매를 목적으로 한 마요네즈가 아니라면 유통기한에 크게 신경 쓸 필요가 없으므로 과즙을 사용하여 산뜻한 신맛을 부여하는 것도 가능하다. 공장제 마요네즈가 나오기 전에는 식초보다는 과즙이 주로 사용되었을 것이다. 그러나 요즘은 집에서 만들더라도 식초를 사용하는 것이 일반적이다.

식초의 경우 양조식초라면 어느 것이나 관계없으나 보통은 고유의 맛이나 향이 약한 일반식초를 선택하는 것이 무난하다. 사과식초, 포도식초 등 과일식초의 경우는 식초 고유의 맛이 있으므로 본인의 취향에 맞는 것을 고르면 되고, 중요한 것은 식초 중의 초산 함량을 고려하여야 한다는 것이다. 기호와 배합비에 따라 다르겠지만 일반적으로 0.25~0.30% 정도의 초산 농도라면 적당한 신맛이 될 것이다.

시판되는 일반식초는 초산의 함량이 6~7% 정도이고, '2배식초' 또는 '3배식초'는 초산 함량이 일반식초에 비해 2배 또는 3배라는 의미다. 따라서 같은 식초 50ml라고 하여도 일반식초와 2배식초의 경우는 신맛의 정도가 다르다. 0.25~0.30% 정도의 초산 농도는 500g의 마요네즈에서는 1.25~1.5g 정도가 되며, 초산 6~7%의 일반식초로는 20~23㎖ 정도가 된다. 앞의 배합 기준에서 식초 50~75㎖ 중 부족한 부분은 물로 보충하면 된다.

계란은 신선한 것을 사용하는 것이 좋으며, 깨뜨렸을 때 퍼지지 않고 노른자와 흰자가 그 모양을 뚜렷하게 유지하는 것이 신선한 계란이다. 보통 노른자만 사용하지만 전란을 사용하거나 흰자만 사용하여도 마요네즈를 만들 수는 있다. 다만 흰자의 유화력은 노른자에 비해 매우 떨어지고, 완성된 마요네즈의 유화안정성도 매우 낮기 때문에 단독으로 사용하는 것은 바람직하지 않다.

전란을 사용할 경우에도 흰자의 유화력은 무시하고 노른자의 양만을 고려하는 것이 좋다. 계란 중에서 흰자와 노른자의 비율은 2:1 정도이며, 계란 1개분의 전란을 사용한다면 노른자 외에 2배 (약 30g)의 흰자를 추가로 사용하게 되는 것이므로, 30g만큼 다른 성분(식용유, 식초 등)을 줄여야 된다.

식용유의 함량을 65%에 가깝게 하고, 식초의 경우는 고산도식초(2배식초 또는 3배식초)를 사용하여 소량으로 적절한 신맛을 내는 등의 보완을 하면 마요네즈를 만들 수 있다. 그러나 배합비를 계산하기도 어려우며, 물(식초)의 양이 줄어들면 설탕, 소금 등 분말 원료를 녹이기도 쉽지 않으므로 초보자라면 흰자는 제외하고 노른자만을 사용하는 것이 좋다.

식용유, 계란, 식초를 제외한 나머지 원료는 개인의 기호에 따라 넣으면 된다. 보통 소금은 1.5% 정도가 적당한 짠맛이고, 설탕은 1% 정도가 적당한 단맛을 준다. 공장에서 제조되는 마요네즈의 경우 분말 향신료를 사용하면 자칫 이물질로 오인하는 사례가 많으므로 주로 액상 향신료를 사용하나, 본인이 직접 사용할 마요네즈라면 이런 우려는 없으므로 분말 향신료를 사용해도 좋다.

자신만의 맛을 내기 위하여 다양한 향신료 외에도 땅콩페이스트, 참기름, 레몬즙 등 주변에서 구할 수 있는 모든 식재료를 사용할 수 있다. 이때 주의할 것은 너무 많은 양을 넣으면 마요네즈를 만들기가 쉽지 않으며, 마요네즈 고유의 맛을 낼 수 없게 되므로 기타 원료는 2% 이하로 제한하는 것이 좋다. 분말원료를 마지막에 넣으면 쉽게 녹지 않고 한 곳에 몰려있기 쉬우므로 미리 식초 (물)에 녹여두는 것이 좋다.

요리책에 따라서는 식초가 난황과 반응하여 유화력을 떨어뜨릴 수 있으므로 식초는 맨 나중에 넣어야 된다고 쓰여 있으나 식용유를 제외한 모든 원료는 미리 혼합하여도 좋다. 앞의 주의사항이 틀린 이야기는 아니나, 위에서 제시한 배합비라면 난황의 양이 충분하여 일부가 식초와 반응하더라도 나머지 난황만으로도 유화가 가능하며, 더욱이 투입하자마자 바로 만들기 시작하므로 식초와 난황이 반응할 시간적 여유도 없는 편이다.

온도는 15℃가 좋다거나, 24℃가 좋다거나, 냉장고에서 바로 꺼낸 원료를 사용하면 안 된다거나 등등 온도에 대하여 언급하고 있는 요리책을 볼 수 있으나, 결론부터 이야기하면 극단적으로 5℃의 원료로도 35℃의 원료로도 마요네즈는 만들 수 있다. 보통 가정에서 식용유와 식초는 수납장에 보관하여 실내 온도인 20℃ 전후가 되고, 계란은 냉장고에 보관하여 5℃ 정도가 되는데 이 정도 온도라면 마요네즈를 만드는 데는 아무런 문제가 없다.

다만, 온도가 낮으면 소금, 설탕 등의 분말원료를 녹이는 데 시간이 좀 더 걸리고, 식용유를 넣으면서 저으면 금방 점도가 높아 저서 젓기가 힘들고 시간이 좀 더 걸리게 된다. 반대로 온도가 높으면 분말원료를 녹이거나 젓기는 쉬우나 완성된 마요네즈의 점도가 낮아지게 되는 단점이 있다.

원료의 준비가 끝났으면 마요네즈를 만들면 되는데, 마요네즈를 만들 때 꼭 알아두어야 할 중요한 포인트는 마요네즈가 유화상태라는 점이다. 이것은 원료를 단순히 혼합하는 것만으로는 마요네즈가 되지 않는다는 것이다. 마요네즈 만들기에서 가장 중요한 점은 식용유를 가능한 한 잘게 부수어서 작아진 식용유 입자를 난황이 둘러싸게 하여야 한다는 것이다. 이를 위해서는 식용유에 난황을 투입하며 저어주어서는 안 되고, 반드시 난황에 식용유를 투입하면서 저어주어야 한다.

이 원리만 잘 지킨다면 원료를 투입하는 순서는 크게 문제되지 않는다. 가장 일반적인 투입 순서는 분말원료들을 볼(bowl)에 계량하여 넣고 식초(식초+물)를 부어서 잘 녹인 후, 난황을 넣고 저어주면서 식용유를 조금씩 흘려 넣어 완성하는 것이다. 식용유를 넣으면서 저어주는 과정이 마요네즈 만들기의 성패를 좌우하는 과정이다.

식용유 투입은 가능한 한 소량씩 하여야 하며, 저어주기는 최대한 과격하게 하여야 한다. 이를 위하여 볼(bowl)은 깊이가 있어 내용물이 밖으로 튀어 넘치지 않을 수 있는 모양의 것을 선택하는 것이 좋다. 저어주는 도구는 거품기로도 가능하나 마요네즈를 완성하기 위해서는 손이 너무 아프므로, 전동식 핸드믹서를 사용하는 것이 편리하다. 처음에는 쉽게 흐르는 액체 상태이나 식용유의 투입량이 증가하면서 점차 점도가 높아져 최종적으로는 반고체 상태의 마요네즈가 완성된다.

동일한 방향으로 저어주어야만 한다고 기록되어 있는 요리책도 있으나, 실제로는 저어주는 방향은 별 문제가 되지 않는다. 각 원료의 비율이 적당하지 못하였을 경우에도 분리가 일어나지만, 마요네즈 만들기에서 실패하는 가장 큰 이유는 저어주는 속도에 비하여 식용유를 너무 빨리 투입하기 때문이다. 마요네즈는 완성되었는데 점도가 너무 묽어 흐르는 정도라면 믹서기(juicer)로 갈아주면 점도를 높일 수 있다.

공장에서 마요네즈를 제조할 때도 기본적으로는 손으로 직접 만들 때와 다를 게 없다. 다만, 대량으로 만들고 판매를 위한 제품을 만드는 것이므로 원료의 취급이나 제조 공정에서 위생적인 면이나 정해진 기준에 좀 더 세심한 주의를 기울여야 한다는 차이가 있을 뿐이다.

13

마요네즈 살리기

13

마요네즈 살리기

가정에서 마요네즈를 만드는 도중에 분리가 발생하는 것은 여러 가지 원인이 있을 수 있다. 각 원료의 비율이 적당하지 못하였을 경우에도 분리가 일어나지만, 대부분 식용유를 한꺼번에 많은 양을 넣었다거나 저어주기를 너무 천천히 하여서 분리가 일어난다. 일단 분리가 일어나면 식용유 중에 그때까지 형성된 마요네즈가 분산된 상태가 되므로 아무리 저어주어도 다시 유화상태로는 되지 않는다.

이 경우 분리된 마요네즈를 별도의 용기에 옮겨두고, 볼(bowl)을 깨끗이 씻은 후 소량(분리된 양에 따라 결정)의 난황을 볼에 넣고 저어주면서 분리된 마요네즈를 조금씩 넣어주면 다시 유화상태로 회복시킬 수 있다. 분리되기 전에 미처 넣지 못한 식용유가 남아 있다면 마저 넣어주어도·된다. 이런 재생 작업은 경험에 의해 유화상태를 판단하면서 조심스럽게 이루어지는 것이므로 초보자라면 시도하지 않는 것이 좋다.

마요네즈가 유화식품이라는 것을 이해하지 못하여 일어나는 이런 실수는 공장에서도 발생한다. 내가 연구원이던 시절, 콜슬로우 (cole slaw: 양배추샐러드)용 소스를 만드는 공장에서 클레임이 걸려와 담당 영업사원과 함께 그 공장을 방문하여 문제를 해결한 일이 있었다.

그 공장은 오뚜기에서 납품한 마요네즈를 베이스(base)로 하여 식용유를 비롯한 몇 가지 추가 원료를 넣고 혼합하여 콜슬로우용 소스를 만들고 있었다. 그런데 작업자가 바뀌었는지는 몰라도 마요네즈에 추가원료를 한꺼번에 넣고 거품기 비슷한 도구로 섞어주고 있었다. 식용유를 투입할 때는 유화가 이루어질 수 있도록 천천히 조금씩 넣어주어야 하는데 그 원리를 몰라서 발생한 클레임이었다.

마요네즈 생산 현장에서는 작업 실수로 유화기 또는 균질기에서 분리가 일어나거나, 배합 실수로 원료 중의 일부가 과다 또는 과소 투입되는 사고가 발생할 수도 있다. 잘못된 마요네즈는 전량 폐기하는 것이 간단하겠으나 경제적인 손실이 막대하여 가능한 한 판매가 가능한 제품으로 재생시키는 것이 필요하다.

배합에는 문제가 없었는데 작업 실수나 기계 이상으로 분리 현상이 나타난 마요네즈라면 일단 깨끗한 용기(15kg 전후의 통)에 전량 받아낸다. 그 후 분리의 원인을 파악하여 문제를 해소한 후 정상 제품 제조 시 유화기에서 1배치(batch)당 2~3통씩 섞어서 배합하는 것이 보통이다.

점도가 규격 미만 또는 초과되는 제품이 발생하였을 경우 원인(균질기의 간격, 이송펌프의 속도, 배합 온도 등)을 파악하여 다음 배치부터는 정상 제품이 나올 수 있도록 조치한다. 이미 발생한 이상 제품은 사용이 가능한 정도의 범위라면 그냥 출고하고, 사용이 곤란하다고 판단되면 분리된 경우와 같은 방법으로 처리한다. 사용 가능 여부의 판단은 생산부서에서 자체적으로 하는 것이 아니라 품질관리부서에서 결정하여야 한다.

제품의 맛을 보았을 때 식초, 식염 등 일부 원료를 과다 또는 과소 투입한 것이 의심될 경우에는 산도 및 염도 등을 분석하여 확인한다. 현실적으로는 5~6배치씩 조미액을 만들고, 보관 탱크에서 10~12 배치분이 섞이게 되므로 맛으로 사고를 발견하기 쉽지 않다.

실제로는 그날의 생산예정량에 맞추어 준비된 원료가 작업 후에도 남아있거나 마지막 작업분이 부족하다든지 하였을 때 확인하게 되며, 또는 품질관리를 위해 샘플링한 제품을 분석하여 발견하게 된다. 식초를 맨 나중에 넣는 제조 방법이라면 식초의 투입량 오류는 1 배치 단위로 확인이 가능하다.

식초, 식염 등이 잘못 투입된 것이 확인된 경우에는 일단 깨끗한 용기에 전량 받아내고 출고를 보류한다. 분석 결과 투입량 오차의 범위가 크지 않을 경우에는 유화 중에 분리되거나 점도 이상 마요네즈와 같은 방법으로 처리한다(현실적으로는 5~6 배치 이상 되는 물량을 처리하기가 쉽지 않으므로 제품으로 출고하는 것도 고려할 수 있다). 차이가 심할 경우에는 보정을 위해 과소 또는 과다 투입한 조미액을 준비하여 별도로 받아낸 이상 제품과 함께 섞어서 재배합한다.

예로서, 배합비 상의 식초 투입량은 4%인데 3%만 투입된 경우라면, 식초 5%의 배합에 맞는 마요네즈 150kg을 유화기에서 유화시킨 후 별도로 받아낸 이상 제품 150kg을 투입하여 섞어준 후 균질기를 통과시켜 마무리한다(또는 미리 이상 제품 150kg과 식초 5%의 배합에 해당하는 조미액을 유화기에 투입하고 혼합한 후 교반하면서 식용유를 투입하여 마무리한다).

14

식물성
식용유

14

식물성식용유

1) 식용유 일반

보통 기름이라고 하면 석유(石油, petroleum)도 포함하는 단어이기 때문에 혼동을 피하기 위하여 먹는 기름은 식용유(食用油)라고 구분하여 부른다. 식용유는 상온에서 고체 상태인 지방(脂肪, fat)과 상온에서 액체 상태인 유(油, oil)로 구분하며, 이를 합하여 유지(油脂)라고 부른다.

그러나 유(油)를 포함한 전체 식용유를 지방이라고 하여 유지와 같은 의미로 사용하기도 하고, 동물에서 얻은 것을 동물유(動物油), 식물에서 얻은 것을 식물유(植物油)라고 하여 모두 유(油)라고 칭하

기도 한다. 유지와 유사한 의미로 지질(脂質, lipid)이란 용어가 사용
되기도 한다.

식용유는 글리세롤(glycerol) 한 분자와 지방산(脂肪酸) 세 분자가
결합하여 만들어지는 화합물로서 화학적 성질이 중성(中性)을 나
타내기 때문에 흔히 중성지방(中性脂肪)이라고 한다. 글리세롤은
글리세린(glycerin)이라고도 하며 식품첨가물, 의약품, 화장품 등에
널리 사용되는 3가(價)알코올이다.

$$
\begin{array}{l}
\quad\text{H} \\
\text{H–C–OH} \\
\text{H–C–OH} \quad + \\
\text{H–C–OH} \\
\quad\text{H}
\end{array}
\quad
\begin{array}{l}
\text{HOOCR}_1 \\
\text{HOOCR}_2 \\
\text{HOOCR}_3
\end{array}
\Rightarrow
\begin{array}{l}
\quad\text{H} \\
\text{H–C–OOCR}_1 \\
\text{H–C–OOCR}_2 \quad + \quad 3\text{H}_2\text{O} \\
\text{H–C–OOCR}_3 \\
\quad\text{H}
\end{array}
$$

| 글리세롤 | + | 지방산 | ⇒ | 식용유 | + | 물 |

식용유의 특징을 결정짓는 것은 글리세롤에 결합한 지방산이
다. 지방산은 보통 'RCOOH'로 표시하며, 여기서 'R'은 알킬기(alkyl
group)를 의미한다. 지방산은 탄소(C) 4~26개가 길게 연결되어 있
는 사슬에 수소(H)들이 붙어있는 구조이며, 이 구조의 한쪽 끝(글리
세롤과 결합한 부분)에 산소(O)가 붙어있다. 그 모습과 성질이 일반적

인 산(酸)에서 발견되는 형태와 유사하다는 이유로 지방산이라고 부른다.

탄소는 최대 4개까지 안정한 형태로 결합을 형성할 수 있어서 화학반응을 쉽게 설명할 때 흔히 '탄소는 손이 4개'라고 표현한다. 지방산 사슬의 탄소가 서로 손을 잡고 옆으로 늘어서면 2개씩의 손을 사용하고도 2개의 손이 남게 된다. 이 남는 2개의 손에 수소가 달라붙으면 비로소 모든 손을 다 사용하게 되어 포화(飽和)상태가 되며, 이런 지방산을 포화지방산(飽和脂肪酸, saturated fatty acid)이라고 한다.

포화지방산은 주로 우지(牛脂, beef tallow), 돈지(豚脂, lard) 등의 동물성기름에 많이 들어있으며, 탄소 수가 16개인 팔미트산(palmitic acid)과 탄소 수가 18개인 스테아르산(stearic acid)이 대표적인 포화지방산이다. 포화지방산은 간에서 콜레스테롤을 합성하는 원료로 사용되며, 혈중 콜레스테롤 수치를 높여 동맥경화증, 협심증, 뇌졸 등의 원인이 될 수 있으므로 '나쁜 기름'이라는 오해를 받고 있다.

```
     H H H H H H H H H H H H H H H H H
     | | | | | | | | | | | | | | | | |
H–C–C–C–C–C–C–C–C–C–C–C–C–C–C–C–C–C–C–  COOH
     | | | | | | | | | | | | | | | | |
     H H H H H H H H H H H H H H H H H
```

포화지방산(스테아르산)

수소가 부족하여 남은 2개의 손 중 하나에만 수소가 오게 되면, 인접한 탄소의 남은 손끼리 서로 맞잡게 되어 2개씩의 손으로 잡고 있는 상태로 된다. 이것을 탄소의 이중결합(二重結合)이라고 하며, 이와 같이 이중결합이 있는 지방산을 불포화지방산(不飽和脂肪酸, unsaturated fatty acid)이라고 한다.

이중결합에서는 서로 2개씩의 손을 사용하여 붙잡고 있는 형태이므로 구조적으로 매우 불안정한 상태가 된다. 포화지방산은 안정된 구조이므로 화학반응이 일어나기 어려우나, 불포화지방산은 언제든지 이중결합이 끊어지고 다른 물질과 반응하여 쉽게 변화할 수 있다.

불포화지방산 중에서 이중결합이 1개 있으면 단일불포화지방산(單一不飽和脂肪酸)이라고 부르며, 올리브유에 많은 올레산(oleic acid)이 대표적인 예이다. 이중결합이 2개 이상 있으면 다중불포화지방산(多重不飽和脂肪酸) 또는 다가불포화지방산(多價不飽和脂肪酸)이라고 한다. 이중결합이 2개이며 대두유, 옥수수기름, 목화씨기름 등에 많은 리놀레산(linoleic acid), 이중결합이 3개이며 들기름에 많은 리놀렌산(linolenic acid) 등이 이에 속한다.

불포화지방산은 이중결합의 위치에 따라 오메가3 지방산, 오메가6 지방산, 오메가9 지방산으로 분류된다. 오메가3 지방산은 탄소 사슬의 끝(오메가, ω)으로부터 3번째 탄소에서 처음으로 이중결합이 나타나는 지방산을 말하며, 리놀렌산, 도코사헥사엔산(docosahexaenoic acid, DHA), 에이코사펜타엔산(eicosapentaenoic acid, EPA) 등이 이에 해당한다.

오메가3 지방산(리놀렌산)

리놀레산처럼 끝으로부터 6번째 탄소에서 처음으로 이중결합이 나타나는 지방산을 오메가6 지방산이라 하고, 올레산처럼 끝

으로부터 9번째 탄소에서 처음으로 이중결합이 나타나는 지방산을 오메가9 지방산이라 한다. 지방산의 구조는, 예로써 리놀렌산의 경우 'C18 : 3n-3'과 같은 기호로 표시하는데, 이것은 탄소의 수가 18개이고, 이중결합이 3개 있으며, 첫 번째 이중결합이 3번째 탄소에 있다는 것을 나타낸다.

오메가9 지방산과 포화지방산은 우리 몸에서 합성할 수 있으나, 오메가3 지방산과 오메가6 지방산은 우리 몸에서 합성할 수 없어서 외부로부터 섭취하여야만 한다. 그러나 탄소수가 18개인 리놀레산이나 리놀렌산으로부터 탄소수가 더 많은 지방산을 합성할 수 있기 때문에 보통 리놀렌산과 리놀레산만을 필수지방산(必須脂肪酸)이라 한다. 우리 몸에서의 합성과 분해는 오메가3 계열의 지방산은 오메가3 지방산 내에서만 이루어지며, 오메가6 계열의 지방산도 오메가6 지방산 내에서만 이루어진다.

지방산의 융점(融点, melting point)은 일반적으로 포화지방산보다 불포화지방산이 낮으며, 단일불포화지방산보다 이중결합이 많을수록 낮고, 탄소의 숫자가 적을수록 낮다. 식물성식용유가 상온에서 액체 상태인 것은 융점이 낮은 리놀렌산, 리놀레산, 올레산 등의 함량이 많기 때문이다.

쇠고기, 돼지고기, 버터 등의 동물성기름에는 팔미트산, 스테아르산 등의 포화지방산이 많아 상온에서 고체 상태로 된다. 야자유, 팜유 등은 식물성기름이지만 동물성기름과 마찬가지로 포화지방산이 많아 상온에서도 고체 상태다. 반대로 생선의 기름은 동물성기름이지만 불포화지방산이 많아 식물성기름과 같이 상온에서도 액체 상태다.

육체적인 성(性)과 정신적인 성(性)이 반대인 사람을 트랜스젠더(transgender)라고 하듯이 '트랜스(trans)'란 라틴어에서 사물의 성질이나 위치가 엇갈려 있는 상태를 표현하는 접두어이다. 경화유를 만들 때 생성되는 트랜스지방산은 탄소의 이중결합 부분에 있는 수소의 위치가 일반적인 수소의 위치와 반대인 지방산을 말한다.

'시스(cis)'란 라틴어에서 같은 방향을 의미하는 접두어이며, 자연 상태에서 존재하는 불포화지방산은 거의 모두 시스형 결합을 하고 있다. 극히 예외적으로 소, 양, 염소 등 되새김질을 하는 초식동물의 경우 위(胃)에 서식하는 미생물에 의해 소량의 트랜스지방산이 생성되기도 하며, 이들의 고기나 젖에서 소량의 트랜스지방산이 발견된다.

시스형 이중결합에서는 수소의 위치가 같은 방향에 있어서 이중결합 부분에서 탄소 사슬이 굽은 형태이지만, 트랜스형 이중결합에서는 수소가 서로 반대 방향에 있으므로 불포화지방산이면서도 포화지방산과 구조적으로 유사한 직선형 탄소 사슬을 형성하고 있다.

시스형 이중결합	트랜스형 이중결합

우리 몸의 세포막, 호르몬, 각종 효소 등 생체기능 조절 물질의 주요 구성 성분은 불포화지방산이며, 정상적인 경우에는 시스형 이중결합을 하고 있어 기능을 유지하지만, 이 자리에 트랜스형 이중결합을 하고 있는 불포화지방산이 대체되면 구조를 왜곡하여 기능을 상실하게 되고, 각종 질병의 원인으로 작용한다.

참기름, 들기름, 올리브유 등 향을 중요시하는 식용유는 압착(壓搾, pressing), 여과(濾過, filtration) 등 간단한 물리적 방법만으로 기름을 얻게 되지만, 대부분의 식용유는 아래와 같은 정제(精製, refining) 공정을 거쳐 식용유로 된다. 때로는 사용 목적에 맞도록 윈터링이나 수소첨가를 하기도 한다.

① 추출(抽出, extraction)

유지(油脂)를 함유한 동식물에서 기름을 얻는 데에는 예로부터 압착법이 사용되어 왔다. 그러나 오늘날에는 수율을 높이기 위하여 헥산(hexane) 등의 용매로 녹여내는 방법이 많이 사용된다. 추출에 사용된 용매는 정제 과정에서 증발되고 최종 제품에는 남아 있지 않게 된다.

추출하여 정제하기 전의 기름을 원유(原油, crude oil)라고 한다. 원유에는 당류, 단백질, 인지질, 색소, 유리지방산 등의 불순물이 포함되어 있다. 원유는 본격적인 정제 공정으로 보내기 전에 여과나 원심분리 등의 방법으로 전처리하여 불용성 물질을 제거한다.

② 탈검(脫gum, degumming)

원유에 있는 당류, 단백질, 인지질 등의 점질물(粘質物, gum)을 제거하는 공정이다. 산(酸)을 이용하는 방법, 물을 이용하는 방법, 흡착제를 이용하는 방법, 물리적인 힘에 의한 방법 등이 있을 수 있으며, 일반적으로는 원유에 수증기를 불어넣어 점질물을 팽윤·응고시킨 후 원심분리기를 이용하여 제거한다.

이는 이들 점질물이 물이 없는 상태에서는 유지(油脂)에 녹아 있지만, 물과 원유를 혼합하면 식용유에서 불용성상태로 변하는 성질을 이용하는 것이다. 식용유 중의 점질물이 쉽게 팽윤될 수 있도록 하기 위하여 보통 0.5% 정도의 인산이나 황산 등이 사용된다.

대두유를 정제할 때 대두유에 들어있는 인지질의 일종이며 유화제의 역할도 하는 대두레시틴은 이 공정에서 제거되어 정제대두유에는 거의 남아있지 않게 된다. 식품첨가물 또는 건강기능식품의 원료가 되는 대두레시틴은 제거된 부산물에서 추출하여 얻게 된다.

③ 탈산(脫酸, deoxidation)

식용유의 산화(酸化)에 의해 중성지방에서 떨어져 나와 자유롭게 돌아다니는 유리지방산(遊離脂肪酸)은 불쾌한 냄새로 풍미를 떨어뜨리고, 산화를 촉진하므로 이를 제거하는 공정이다. 보통 수산화나트륨(NaOH)으로 중화(中和, neutralization)시켜 제거하므로 '알칼리정제'라고도 한다.

탈검된 식용유에 알칼리용액을 일정 비율 혼합한 후 60~70℃ 정도로 가열하면 유리지방산과 알칼리가 반응하여 비누 성분(soap stock)이 형성되며, 원심분리기로 제거하게 된다. 중화된 유리지방산은 색소 등의 불순물을 흡착하여 침전되므로, 유리지방산 외에도 탈검 공정에서 미처 제거하지 못한 불순물이나 중금속, 색소 등도 함께 제거된다.

탈산은 한 번에 끝내는 것이 아니며, 1차로 원심분리하여 얻은 식용유에 다시 뜨거운 물을 가하고 혼합한 후 원심분리를 재실시하여 남아있는 비누 성분을 완전히 제거한다. 마지막으로 진공건조하여 남아있는 수분을 완전히 제거하는 것으로 탈산공정을 마무리한다.

④ 탈색(脫色, decolorization)

탈산이 끝난 식용유에 남아있는 카로티노이드(carotenoid), 엽록소(chlorophyll) 및 기타 색소물질을 제거하는 공정이다. 화학적 표백법, 물리적 흡착법 등이 있으며, 주로 활성백토, 활성탄 등의 흡착여과제를 첨가하여 색소를 흡착시킨 후 여과하여 제거한다.

탈색 조건은 보통 탈산유에 1~2% 정도의 활성백토를 첨가한 후 110~120℃에서 10~20분 가열·교반한 후 50~80℃ 정도로 냉각하여 여과한다. 이 공정에서는 색소 성분뿐만 아니라 이전의 공정에서 제거하지 못한 점질물, 유리지방산, 비누 성분, 중금속 등도 함께 제거된다.

⑤ 탈취(脫臭, deodorization)

탈취 공정은 원유가 본래 가지고 있던 냄새 성분이나 앞의 공정에서 생성된 저급지방산, 알데하이드, 케톤류, 아민류 등 불쾌한 냄새의 원인이 되는 물질들을 제거하는 공정이다. 탈취 공정은 완성품인 정제식용유의 품질을 좌우하는 가장 중요한 공정이다.

일반적으로 진공수증기법(vaccum steam distillation)이 가장 많이 사용되며, 유지의 종류 및 불순물의 양에 따라 다르지만, 보통 220~260℃ 정도의 고온(高溫)과 2~6mmHg 정도의 고진공(高眞空) 상태에서 3~4시간 이루어진다. 이 공정에서 토코페롤(tocopherol), 스테롤(sterol) 등의 유용한 성분도 함께 제거된다.

⑥ 산화방지제(酸化防止劑, antioxidant) 첨가

식물성식용유는 토코페롤(비타민E)과 같은 천연의 산화방지제를 포함하고 있으나 정제 과정에서 이는 모두 제거되고 만다. 따라서 정제식용유의 경우 원유에 비해서 처음의 산가는 낮으나 일단 산화가 개시되면 빠른 속도로 산화가 진행될 수 있다. 이를 방지하기 위하여 정제된 식용유에 산화방지제를 첨가하는 것이 일반적이다.

산화방지제는 항산화제(抗酸化劑)라고도 하며, 예전에는 합성항산화제인 BHA, BHT 등을 주로 사용하였다. 이들은 안전성이 입증된 첨가물임에도 불구하고 소비자들의 합성첨가물에 대한 거부감 때문에 요즘은 대부분 천연항산화제인 토코페롤을 사용한다.

⑦ 탈랍(脫蠟, dewaxing)

납(蠟, wax)이란 물에 녹지 않고, 친유성인 긴 사슬로 이루어져 있으며, 일반적으로 녹는점이 높아 상온에서 결정성 고체 상태인 알코올, 지방산, 에스테르, 알데히드, 케톤 등을 총칭하는 말이며, 탈랍이란 식용유에 녹아 있는 이런 성분들을 제거하는 공정이다.

식용유는 단일 물질이 아니라 여러 종류의 지방산이 혼합된 물질이며, 각 지방산은 녹는점에 차이가 있다. 따라서 저온에서도 액체 상태인 식용유를 얻기 위해서는 낮은 온도에서 고체가 되는 중성지방을 냉각 및 여과를 통하여 제거한다. 요즘은 냉각기술의 발달로 계절을 가리지 않으나 예전에는 주로 겨울에 이런 작업이 이루어졌기 때문에 탈랍공정을 윈터링(wintering) 또는 윈터리제이션(winterization)이라고도 한다.

식용유 중에서도 면실유(목화씨기름)는 상온에서 고체 상태인 팔미트산의 함량이 비교적 높기 때문에 다른 식용유에 비해 저온에서 쉽게 결정화된다. 면실유의 이런 단점을 보강하기 위해 개발된 기술이 윈터링이며, 윈터링 처리된 식용유는 주로 마요네즈나 드레싱을 만들 때 사용하게 되므로 샐러드유라고 부른다.

우리나라의 〈식품공전〉에서는 목화씨기름에 대해서만 '목화씨샐러드유'라는 세부 유형을 두고 냉각시험에서 "5시간 30분 맑고 투명하여야 한다"라는 규격을 두고 있다. 일본농림규격(JAS)에서는 식용유를 일반정제유와 샐러드유로 구분하고 있으며, 일반정제유는 주로 튀김용으로 사용하고 마요네즈나 드레싱에는 샐러드유를 사용한다. 샐러드유는 일반정제유에 비하여 규격이 엄격하기 때문에 정제를 철저히 하고 맛이 담백한 차이가 있다.

⑧ 수소첨가(水素添加, hydrogenation)

대두유, 옥수수기름 등의 식물성식용유는 불포화지방산이 많아 상온에서 액체이며, 산화되기 쉽다. 이런 단점을 극복하기 위하여 다가불포화지방산이 많은 식용유의 이중결합에 강제적으로 수소(H)를 첨가하여 포화지방산 또는 단일불포화지방산이 많은 식용유로 만드는 공정이다.

수소첨가는 고온·고압 조건에서 니켈(Ni) 등 중금속촉매를 사용하여 진행되며, 이 공정에서 형성된 단일불포화지방산 중 일부는 건강에 해로운 트랜스지방산으로 바뀌게 된다. 상온에서 액체 상태이던 식용유가 고체 상태로 변하므로 이 공정을 경화(硬化, hardening)라고도 하며, 이렇게 하여 얻은 식용유를 경화유(硬化油)라고 한다. 경화유로 만든 대표적인 제품이 마가린과 쇼트닝이다.

2) 주요 식물성식용유

마요네즈를 만들 때 반드시 사용하여야 하는 원료로 식물성식용유, 계란노른자, 식초가 있으며, 그중에서도 식용유는 전체의 75~80%를 차지하는 주성분이다. 상온에서 액체 상태인 식용유는 모두 마요네즈의 원료로 사용할 수 있으며, 한 종류의 식용유가 아니라 몇 가지 식용유를 혼합하여 사용할 수도 있다.

과거에는 맛이 고소하고 보존 중에도 풍미의 변화가 적다는 장점 때문에 면실유나 옥배유가 사용되기도 하였으나 요즘은 대두유가 주로 사용되고 있다. 그 이유는 정제 기술의 발달로 인해 대두유의 단점인 풍미의 변화가 개선되었다는 점도 있지만, 무엇보다도 가장 구하기 쉽고 가격도 저렴하다는 경제적인 이유 때문이다.

마요네즈용 원료로 식용유를 선택할 때 품질 상 주의하여야 할 사항은 풍미, 내냉각성(耐冷却性), 산화에 대한 안정성 등이다. 시험 항목으로서는 산가(AV), 요오드가(IV), 과산화물가(POV), 응고점, 냉각시험, 색상 등 여러 가지가 있을 수 있으나 가장 중요한 것은 풍미이다. 풍미는 맛도 중요하지만 더욱 중요한 것은 시간이 지나도 풍미가 변하지 않는 것이다. 대표적인 식물성식용유로는 다음과 같은 것이 있다.

① 대두유(大豆油, soybean oil)

콩(대두)에는 18~20% 정도의 지방이 함유되어 있어 예로부터 식용유의 원료로 널리 사용되어 왔다. 지금도 대두유(콩기름)는 세계 식용유 시장에서 가장 중요한 비중을 차지하고 있으며, 세계 주요 유지의 가격은 대두유 가격의 변동에 영향을 받는다.

국내 대두유 가공업체는 콩을 원료로 직접 착유하는 회사와 대두유 원유를 수입하여 정제하는 회사로 크게 2부류로 나눌 수 있다. CJ제일제당과 사조대림이 전자에 해당하고, 오뚜기, 롯데삼강을 비롯하여 대두분의 회사는 후자의 방식을 택하고 있다.

콩에서 직접 대두유를 생산할 경우에는 부산물로서 콩깻묵이라 부르는 탈지대두박(脫脂大豆粕, defatted soybean meal)이 나오며, 가축의 사료나 비료로 이용된다. 사료의 가격이 상승할 경우에는 대두유가 탈지대두박의 부산물이라 불리기도 할 정도로 대두유와 탈지대두박의 가격은 밀접한 상관관계가 있다.

대두유의 지방산 조성은 팔미트산 5~12%, 스테아르산 2~7%, 올레산 20~35%, 리놀레산 50~57%, 리놀렌산 3~8% 등이다. 정제 대두유의 맛은 담백하고 색은 약간 노란색을 띠고 있다. 포화지방산이 많기 때문에 저온에서도 결정이 잘 형성되지 않으나 산화되기 쉽다.

대두유는 산가가 상당히 낮은 산화의 초기 단계에서도 향미변환(flavor reversion) 현상에 의해 날콩 냄새나 건초 냄새와 유사한 불쾌한 냄새가 나기 쉬운 단점이 있다. 이에 대한 대책은 정제가 잘된 대두유를 선택하거나 다른 샐러드유와 혼합하여 사용하는 것이다.

② 채종유(菜種油, rapeseed oil)

유채는 쌈, 나물, 겉절이 등으로 이용되는 채소의 일종이며, 제주도의 유채꽃밭은 관광 상품으로 유명하다. 채종유는 유채의 종자로부터 얻는 기름이다. 채종유는 세계의 여러 가지 식물성식용유 중 대두유, 팜유 다음으로 해바라기유와 3, 4위를 다툴 정도로 생산량이 많으며, 서양에서는 옛날부터 널리 이용하던 식용유였다.

그런데 1960년대에 채종유에 많이 들어있는 에루스산(erucic acid)이 동물실험에서 심장병을 일으켰다는 논문이 발표된 이후 인체에도 해로운 물질로 밝혀짐에 따라 기피하게 되었다. 에루스산은 탄소가 22개이고, 이중결합이 1개인 단일불포화지방산이며, 재래종 유채에서 얻은 채종유에는 에루스산이 약 60% 포함되어 있다.

이에 따라 에루스산의 함량이 낮은 품종을 개발하게 되었으며, 이렇게 하여 탄생한 것이 카놀라유(canola oil)이다. 카놀라유란 카놀라종 유채씨에서 얻은 기름을 말한다. 카놀라종은 캐나다에서 개량한 유채의 품종 이름이며, 캐나다(Canada)와 오일(oil)의 합성어이다. 카놀라유에는 에루스산이 거의 함유되어 있지 않다.

카놀라유에는 일반 카놀라유와 고올레산 카놀라유의 두 종류가 있다. 일반 카놀라유의 지방산 조성은 팔미트산 4.0~4.5%, 스테아르산 1.5~2.0%, 올레산 58~66%, 리놀레산 17~22%, 리놀렌산 8~11% 정도이며, 고올레산 카놀라유의 지방산 조성은 팔미트산 3.0~4.0%, 스테아르산 1.5~2.5%, 올레산 75~80%, 리놀레산 9~10%, 리놀렌산 2~3% 정도이다.

현재 시판되고 있는 식용 채종유는 모두 카놀라유이므로 채종유와 카놀라유가 같은 의미로 사용되기도 한다. 카놀라유는 담백한 풍미를 가지며 산화안정성과 가열안정성이 우수하여 튀김요리, 부침요리, 볶음요리 등에 적합하고, 저온에서도 잘 굳지 않으므로 샐러드유로도 이용된다.

③ 옥수수유(corn oil)

옥수수는 쌀, 밀과 함께 세계 3대 식용작물로 불리며, 전 세계적으로 널리 재배되고 있는 작물이다. 옥수수는 식용으로뿐만 아니라 가축의 사료나 산업용 원료로서도 널리 사용된다. 옥수수의 주성분은 탄수화물이며, 지방은 5% 미만 함유되어 있다.

옥수수는 크게 과피(果皮: 껍질), 배유(胚乳: 씨젖), 배아(胚芽: 씨눈)로 구분된다. 배아는 뿌리와 싹이 형성되는 부분으로서 옥수수 무게의 약 10%에 해당한다. 옥수수의 지방은 대부분 배아에 있으며, 옥수수유는 배아에서 추출하기 때문에 옥배유(玉胚油)라고 부르기도 한다.

옥수수 배아의 지방 함량은 남아메리카산의 경우 55~56% 정도로 높은 편이며, 미국산은 47~50% 정도로 비교적 낮은 편이다. 옥수수유의 지방산 조성은 팔미트산 7~13%, 스테아르산 2~5%, 올레산 25~40%, 리놀레산 40~60%, 리놀렌산 1~2% 등이다.

옥수수유는 약간 고소한 맛이 있으며, 노란색을 띠고 있다. 리놀레산이 많은 것이 특징이며, 불포화지방산이 많은 것에 비해 산화안정성도 좋고, 저온에서도 결정이 잘 생기지 않아 튀김용이나 샐러드유로 모두 적합하다. 대두유가 마요네즈용 원료로 일반화되기 전에는 면실유와 더불어 마요네즈용 원료로서 가장 많이 사용된 식용유이다.

④ 목화씨기름(cottonseed oil)

목화 재배의 주목적은 면(綿, cotton)을 얻기 위한 것이며, 목화씨는 면을 채취한 후 부산물로 얻어진다. 목화씨기름은 면실유(綿實油)라고도 하며, 예전에는 방을 밝히는 등잔불용으로 사용되었으나 정제 기술이 발달함에 따라 식용으로 사용하게 되었다.

면실유의 지방산 조성은 미리스트산 0.5~1.5%, 팔미트산 20~26%, 스테아르산 1~5%, 올레산 15~20%, 리놀레산 40~55%, 리놀렌산 0~0.6%, 아라키돈산 0~0.6% 등으로 포화지방산인 팔미트산, 스테아르산, 미리스트산(myristic acid), 아라키돈산(arachidonic acid) 등이 함량이 높다는 것이 특징이다.

면실유의 맛은 고소하며 약간 갈색을 띠고 있다. 산화안정성이 우수하여 보존 중에 맛이 변하지 않으므로 예전에는 마요네즈의 원료로 사용되었으나, 윈터링을 한 샐러드유라도 저온에서 결정이 생기기 쉽기 때문에 요즘은 마요네즈용으로는 거의 사용하지 않는다.

⑤ 올리브유(olive oil)

올리브유는 과육과 과피 부분에서 얻는데 가공 방법에 따라 압착올리브유, 정제올리브유, 혼합올리브유로 구분한다. 압착올리브유는 버진(virgin) 올리브유라고도 하며, 과실을 압착하여 기름을 짠 후 세척, 원심분리, 여과 등의 과정만 거친 것으로 녹황색을 띠며 올리브 특유의 풍미가 살아있는 식용유다.

압착올리브유는 유리지방산의 함량이 많아 산가가 높은 편이나, 토코페롤과 같은 천연항산화제를 많이 함유하고 있기 때문에 산화안정성은 우수한 편이다. 향이 강하고 발연점이 낮으므로 튀김이나 볶음과 같이 열을 가하는 요리에는 부적합하고, 참기름처럼 음식의 마무리용으로 사용하거나 마요네즈처럼 열을 가하지 않고 만드는 제품에 사용하기에 적당하다.

압착올리브유는 유럽에서 오래전부터 각 가정의 필수적인 요리 소재였으며, 마요네즈가 공업화되기 이전에는 모두 압착올리브유로 마요네즈를 만들었다. 아직도 수제 마요네즈에는 압착올리브유를 사용하는 경우가 많으며, 올리브유가 갖는 고급 이미지 때문에 공장에서도 만들어지고 있다.

압착올리브유 중에서 산가가 높아 식용으로 할 수 없는 것을 탈산, 탈색, 탈취 등 정제 처리하여 식용유로 가공한 것이 정제올리브유이며, 정제올리브유는 올리브 특유의 향이 거의 없다. 정제올리브유에 압착올리브유를 섞어서 향을 보강한 것이 혼합올리브유이다.

올리브유의 지방산 조성은 팔미트산 7~15%, 스테아르산 1~4%, 올레산 70~85%, 리놀레산 4~12%, 리놀렌산 0~1% 등이며, 탄소 18개에 이중결합이 하나 있는 올레산이 풍부한 것이 특징이다. 포화지방산인 팔미트산이나 스테아르산의 함량이 비교적 많은 편이어서 다른 식용유에 비해 저온에서 빨리 혼탁해지고 결정이 생기기 쉽다.

⑥ 해바라기유(sunflower oil)

해바라기유는 리놀레산이 많은 재래종과 올레산이 많은 개량종으로 구분된다. 우크라이나, 러시아 등 동유럽의 추운 지방에서 주로 재배되는 재래종 해바라기에서 얻은 식용유는 리놀레산 함량이 높아 저온에서도 결정이 잘 생기지 않기 때문에 마요네즈를 만들었을 때 동결분리에는 강하나, 불포화지방산인 리놀레산의 함량이 많기 때문에 산화안정성은 떨어지는 편이다.

재래종 해바라기의 산화되기 쉬운 단점을 보완하여 품종개량을 한 것이 고올레산 해바라기이다. 미국에서 품종 개량하여 기온이 높은 아메리카대륙에서 주로 재배되는 고올레산 해바라기유는 지방산 조성이 올리브유나 포도씨유와 유사하며, 산화안정성은 개선된 반면 내한성은 떨어진다.

고올레산 해바라기유의 지방산 조성은 팔미트산 2.5~5%, 스테아르산 3~6%, 올레산 75~90%, 리놀레산 3~5%, 리놀렌산 0~0.5% 정도이며, 재래종 해바라기유의 지방산 조성은 팔미트산 5~8%, 스테아르산 2.5~6.5%, 올레산 20~25%, 리놀레산 60~75%, 리놀렌산 0~0.5% 정도이다.

⑦ 포도씨유(grape seed oil)
포도의 씨에는 20~30% 정도의 지방이 있으며, 포도씨유는 여기

서 짜낸 식용유이다. 포도의 씨는 포도주를 만드는 과정에서 부산물로 얻어지게 되며, 1톤의 포도에서 얻을 수 있는 포도씨유가 1리터 정도에 불과하여 포도의 주산지인 프랑스, 이탈리아, 스페인 등에서 주로 생산되고 있다.

포도씨유의 장점은 향이 은은하고 맛이 담백하여 음식 고유의 맛과 향을 살려주며, 특히 발연점이 높아 튀김요리에 적합하다. 발연점(發煙點, smoking point)이란 유지를 가열할 때 유지 표면에서 엷은 푸른 연기가 나기 시작할 때의 온도를 말한다. 일반적인 식용유의 발연점은 대두유 210℃, 옥배유 227℃, 올리브유 200℃, 쇼트닝 177℃ 등으로 200℃ 전후인데 비하여 포도씨유의 발연점은 250℃이다. 포도씨유는 비싸기 때문에 마요네즈의 원료로 사용하는 일은 거의 없다.

포도씨유의 지방산 조성은 팔미트산 6~9%, 스테아르산 1~4%, 올레산 13~25%, 리놀레산 60~78% 등이다. 포도씨유는 불포화지방산의 함량이 많음에도 불구하고 다른 식용유에는 없는 카테킨(catechin)이란 물질이 100g당 3㎎ 이상 함유되어 있어 산화안정성이 좋은 편이다.

카테킨은 일반 식용유에 들어있는 천연항산화제인 토코페롤보다 항산화력이 16.5배나 높다고 한다. 카테킨의 항산화 효과 때문에 포도씨유는 한때 건강기능식품으로 인정되기도 하였으나,

2008년에 개편된 〈건강기능식품공전〉에서는 포도씨유가 고시 품목에서 제외되었다.

⑧ 미강유(rice bran oil)

쌀겨(rice bran)의 한자식 표현이 미강(米糠)이며, 미강유(米糠油)는 현미를 도정할 때 나오는 쌀겨에서 짜낸 기름이다. 쌀겨는 현미의 약 10%를 차지하며, 지방이 18~20% 정도 함유되어 있다. 미강이란 단어가 어렵고 어감도 좋지 않으므로 시판되는 식용유는 현미유(玄米油)라고 표기하고 있는 것이 대부분이다.

미강유의 지방산 조성은 팔미트산 9~18%, 스테아르산 2~6%, 올레산 35~50%, 리놀레산 25~40%, 리놀렌산 0~1.5% 정도이다. 미강유는 불포화지방산이 많은 편이지만 오리자놀(orizanol)이란 항산화물질이 들어있어서 산화안정성이 좋고, 보존 중에 맛이 잘 변하지 않는다. 그러나 저온에서 결정이 생기기 쉽고, 비싸기 때문에 마요네즈용으로 사용하는 일은 거의 없다.

⑨ 참기름(sesame oil)

참깨에는 45~55% 정도의 기름이 함유되어 있으며, 인류가 기름을 얻기 위한 수단으로 재배한 유지작물(油脂作物) 중에서 재배 역사가 가장 긴 것으로 알려져 있다. 참깨의 고소한 향과 맛은 적당히 볶았을 때 나타나며, 우리의 선조들은 옛날부터 이를 알고 이용하였으나, 다른 나라에서는 그냥 기름을 얻는 종자로서 인식하여 말린 참깨 그대로 기름을 추출하여 이용하고 있다.

참기름의 지방산 조성은 팔미트산 8~12%, 스테아르산 4~6%, 올레산 34~46%, 리놀레산 37~48%, 리놀렌산 0~2% 등으로 옥수수유와 유사하다. 따라서 과거에 참기름에 옥수수유를 일부 섞어서 값이 싼 가짜 참기름을 만들어 판매하기도 하였다. 최근에는 분석기술이 발달하여 참기름에만 있는 고유의 향 성분을 분석하여 가짜 참기름을 가려내고 있다. 참기름 향의 주성분은 피라진(pyrazine)류다.

참기름에는 세사민(sesamin), 세사몰린(sesamolin), 세사몰(sesamol) 등의 리그난(lignan) 성분이 다른 식용유에 비해 비교적 많이 함유되어 있다. 리그난 성분은 강력한 항산화 효과가 있어서 참기름의 산화안정성은 뛰어난 편이다. 참깨의 리그난 성분은 최근에 건강기능식품의 소재로 관심을 끌고 있다.

⑩ 들기름(perilla oil)

들깨(perilla)는 우리나라를 비롯하여 중국, 일본 등 동부아시아와 인도, 아메리카 등 세계 여러 지역에서 자라고 있으나, 오래전부터 식용으로 한 곳은 우리나라밖에 없다. 다른 나라에서는 등잔

불용 기름을 짜기 위한 유지작물(油脂作物)로 재배하였거나, 약용 식물로 여겼을 뿐이다.

들깨에는 내략 44%의 지방, 30%의 탄수화물, 17%의 단백질이 들어있다. 들기름의 지방산 조성은 팔미트산 5~7%, 스테아르산 2~3%, 올레산 16~20%, 리놀레산 13~15%, 리놀렌산 55~65% 정도이며, 불포화지방산의 함량이 90% 이상으로 많기 때문에 산화안정성이 떨어진다.

들기름에는 다른 식물성식용유에는 별로 없는 오메가3 지방산인 리놀렌산이 약 60%나 들어있는 것이 특징이다. 오메가3 지방산은 뇌, 신경, 눈의 망막조직 등의 구성에 필수적이며, 심장혈관이나 동맥경화와 관련된 순환계 질병의 예방에 효과적인 것으로 알려져 있다. 따라서 최근에 들기름이 영양학적으로 주목을 받고 있다.

15

계란

15

계란

1) 계란 일반

인류는 닭을 가축으로 기르기 시작한 이래 계란(egg)을 식용으로 하였다. 계란(鷄卵)은 한자이며, 순우리말로는 '달걀'이라고 하고, 두 가지 모두 표준어이다. 계란은 눈에 보이지 않을 정도로 작은 다른 세포들과는 비교가 되지 않을 만큼 크지만 그 자체는 하나의 세포다.

양계산업에서 닭은 사육 목적에 따라 크게 산란계(産卵鷄)와 육용계(肉用鷄)로 구분된다. 닭의 품종개량은 대부분 서양에서 이루어졌으며, 현재 전 세계에서 사육되는 닭 품종의 90% 이상은 4~5

개의 종계(種鷄) 회사가 보급하고 있다. 국내에서 사육되고 있는 닭은 그 종자닭(元種鷄)을 전량 외국에서 수입하고 있다.

우리나라에서 사육되는 산란계는 하이라인브라운(Hy-line brown), 로만브라운(Lohmann brown), 이사브라운(ISA brown) 등이 대부분을 차지하고 있다. 예전에는 화이트레그혼(white leghorn)을 주로 사육하였으나, 1980년대 이후 점차 줄어들어 현재는 거의 기르지 않는다. 이는 알을 더 많이 낳는 갈색(brown) 품종의 닭들을 양계업자들이 선호하였기 때문이다.

달걀의 색깔은 어미 닭의 깃털 색깔과 같으며, 흰색의 화이트레그혼이 사라짐에 따라 흰색 달걀도 점차 볼 수 없게 되었다. 그러나 계란의 색깔은 맛이나 영양과는 아무 상관이 없다. 맛이나 영양은 닭의 품종이나 색깔에 의해 결정되는 것이 아니라 닭이 먹은 사료에 의해 주로 결정되며, 알을 낳은 어미 닭의 건강상태나 나이(月齡)에도 영향을 받는다. 마찬가지로 노른자의 색상도 영양과는 별 상관이 없으며, 사료에 의해 조정이 가능하다.

우리나라에서는 2003년부터 계란 등급제를 실시하고 있으며, 준정부기관인 축산물등급판정소에서 관리하고 있다. 계란의 등급 판정은 품질과 내용물의 상태에 따라서 1⁺등급, 1등급, 2등급, 3등급 등으로 구분한다. 계란의 품질은 외관검사, 투광검사, 할란검사 등에 의해 A급, B급, C급, D급 등 4단계로 구분한다.

등급 판정은 로트(lot) 크기에 따라 무작위로 표본을 추출하는 표본판정방법을 적용하여 다음과 같이 구분한다.

<1+등급> A급의 것이 70% 이상이고, B급 이상의 것이 90% 이상이며 D급의 것이 3% 이하이어야 함.(나머지는 C급)

<1등급> B급 이상의 것이 80% 이상이고, D급의 것이 5% 이하이어야 함 (기타는 C급)

<2등급> C급 이상의 것이 90% 이상(기타는 D급)

<3등급> C급 이상의 것이 90% 미만(기타는 D급)

일반적으로 껍데기가 까칠까칠하고, 깨뜨렸을 때 난황이나 난백의 높이가 높고 탄력이 있으면 신선한 계란이다. 등급판정에서 주요 항목 중의 하나이며, 신선도를 파악하기 위해 계란가공 공장 등에서 입고검사 시에 일반적으로 사용하는 방법은 '호우단위(Haugh units, HU)' 측정이다. HU 72 이상은 A급, 60 이상~72 미만은 B급, 40 이상~60 미만은 C급, 40 미만은 D급으로 판정한다.

호우단위는 미국의 레이먼드 호우(Raymond Haugh)가 1937년에 제안한 것으로 국제적으로 이용되는 계란의 신선도 평가기준이다. 호우단위는 계란의 무게(W)와 난백의 높이(H)를 측정하여 다음의 식으로 구하게 된다. 식의 답을 구하는 계산이 복잡하므로 실제로는 미리 작성되어 있는 환산표(換算表)에서 찾아보게 된다.

호우단위(HU) = 100×log(H-1.7W$^{0.37}$+7.57)

계란은 크기(중량)에 따라 왕란(68g 이상), 특란(68g 미만~60g 이상), 대란(60g 미만~52g 이상), 중란(52g 미만~44g 이상), 소란(44g 미만) 등 5종류로 구분한다. 양계장에서는 계란을 중량별로 구분하여 출하하며, 이 중에서 가장 많이 생산되고 유통되는 것은 특란과 대란이다.

계란의 구조는 크게 난백(卵白, egg white), 난황(卵黃, egg yolk), 난각(卵殼, egg shell)의 세 부분으로 구성되어 있다. 닭의 품종이나 나이, 알의 크기 등에 따라 차이는 있으나 세 부분의 구성비는 난백 56~60%, 난황 28~32%, 난각 10~14% 등으로 되어 있다. 계란 한 개의 무게를 60g 정도로 보면 대략 난백 35g, 난황 18g, 난각 7g 등이 된다.

좀 더 세부적으로 보면 두께 0.2~0.35㎜ 정도의 난각에는 무수히 많은 기공(氣孔)이 있어 호흡을 할 수 있으며, 가장 바깥에는 0.01~0.05㎜ 정도의 큐티클(cuticle)층이 있어 산소나 이산화탄소 등은 통과할 수 있으나 미생물 등이 침입하는 것을 방지하고 있다.

난각과 난백 사이에는 두 겹으로 된 0.05~0.09㎜ 정도의 얇은 난각막(卵殼膜, egg shell membrane)이 존재하며, 난백도 물처럼 흐르는 수양난백(水樣卵白)과 젤리처럼 댕글댕글한 농후난백(濃厚卵白)으로 구분된다. 난황의 겉에는 약 10㎛ 두께의 난황막(卵黃膜, yolk membrane/vitelline membrane)이 존재한다.

그리고 알끈(chalaza)이 난황막에서 계란의 뾰족한 쪽의 껍데기와 둥근 쪽의 껍데기까지 연결되어 있어, 계란을 굴리더라도 난황이 계란의 중앙 부분에 존재할 수 있게 하고, 계란이 병아리로 부화할 때 시작점이 되는 배반(胚盤, germinal disc)이 항상 위를 향할 수 있도록 고정시키는 역할을 한다.

일반적으로는 난백과 난황만을 식용으로 하며, 난백과 난황을 합한 계란의 가식부(可食部) 전체를 전란(全卵, whole egg)이라고 한다. 전란 중의 난백과 난황의 비율은 대략 2:1이 된다. 전란과 난각의 비율은 계란의 중량에 따라 변하며, 일반적으로 계란의 중량이 커질수록 전란이 차지하는 비율이 커진다. 난각의 주성분은 칼슘(Ca)이며 가공하여 칼슘보충제로 이용하기도 한다.

원래 계란은 닭이 다음 세대를 위해 생장에 필요한 영양소를 최선의 방법으로 비축해 놓은 것으로, 외부로부터 아무런 영양 보급이 없어도 일정한 온도만 유지하여 주면 병아리가 생겨날 정도로 영양소 구성이 완전하여 완전식품(完全食品)이라 불린다. 그러나 계란에도 탄수화물, 비타민C 등 일부 영양소는 결핍되어 있다.

난황은 약 50%의 수분, 약 30%의 지질, 약 15%의 단백질, 2% 미만의 탄수화물 및 기타성분으로 되어있으며, 단백질을 제외한 계란의 모든 영양소는 대부분 난황에 들어있다. 난황에는 약 1.3%의 콜레스테롤(cholesterol)이 들어 있으며, 특히 레시틴(lecithin)이 풍부하여 약 8.6% 포함되어 있다. 레시틴의 어원은 그리스어로 난황을 의미하는 레시토스(lecithos)에서 유래하였다.

난백은 약 90%의 수분, 약 10%의 단백질, 2% 미만의 탄수화물 및 기타성분으로 되어 있다. 난백의 단백질은 필수아미노산을 비롯하여 20여 종의 단백질이 이상적인 비율로 포함되어 있다. 필수아미노산의 양과 비율을 측정하여 식품에 포함된 단백질의 품질을 수치화한 것을 단백가(蛋白價, protein score)라고 하며, 전란의 단백가를 100으로 하여 상대적인 품질을 비교한 것이다. 원래 단백질(蛋白質)의 '단(蛋)'은 '난(卵)'과 같은 의미이며, 단백질이란 난백에서 유래된 단어다.

난백의 단백질 중 50% 이상을 차지하는 알부민(albumin)과 약 10%를 차지하는 오보뮤코이드(ovomucoid)는 알레르기를 일으키는 요인이다. 알레르기는 민족에 따라서도 차이를 보이며, 동양인의 경우 주요 알레르기 원인식품은 계란(50%), 우유 및 유제품(25%), 어류(6%) 등으로 알려져 있다.

계란은 계절적으로 가격 변동이 심한 품목이어서 연중 가장 싼 시기와 가장 비싼 시기의 가격 차이는 2배 이상 나기도 한다. 우리나라의 경우 계란 가격이 비싼 시기는 두 차례 있으며, 첫 번째는 봄나들이와 부활절이 겹치는 4월이고, 두 번째는 추석을 앞둔 8~9월이다.

가장 싼 시기는 보통 6월 말에서 8월 초 사이이며, 이는 장마의 영향으로 계란의 보관 및 유통이 어려운 데 반하여 특별히 수요를 촉진할 요소가 없기 때문이다. 가격이 낮은 6~8월에 대량 구매하여 냉동란의 형태로 가공하여 비축한 후 가격이 상승하는 8~9월에 사용하면 냉동보관 비용을 감안하여도 경제적으로 이득이 될 수 있다. AI(조류독감) 등의 유행으로 인한 산란계 집단폐사 등으로 계란이나 액란의 수급이 원활하지 못할 때를 대비하여 냉동란으로 일정량을 비축하여 두기도 한다.

계란의 크기에 따라서도 가격은 당연히 차이가 나며, 경제적인 구매를 위해서는 용도에 따라 선택을 잘해야 한다. 예로서, 크기에 관계없이 개수만 고려하는 경우라면 중란이나 소란을 구매하는 것이 좋을 것이다. 마요네즈용으로는 가격, 할란 수율(전란의 비율) 등을 고려하면 보통 대란이나 특란을 선택하는 것이 유리하다.

계란은 유정란(有精卵)이거나 무정란(無精卵)이거나 산란 후 일정 기간은 살아있는 생명체이며, 자체 내에 비축하고 있는 영양분을 소비하면서 호흡하게 된다. 산란 후 시일이 경과됨에 따라 수양난백의 비율이 증가하고 농후난백은 줄어들게 되며, 난황막도 탄력을 잃고 찢어지기 쉬워진다.

계란이 오래되면 내용물의 수분이 증발하여 수축되면서 껍데기의 둥근 부분에서 두 겹으로 된 난각막이 벌어지며 그 사이에 기실(氣室)이라 불리는 공기주머니가 커지게 된다. 계란의 신선도 검사에서 투광검사는 빛을 비추어 난황의 위치, 내부 이물질 등을 살펴봄과 동시에 기실의 크기를 관찰하는 것이다.

계란의 유통기한은 보관온도에 따라 영향을 받으며, 기온이 높은 여름철보다는 기온이 낮은 겨울철이 신선도가 오래 유지된다. 산란 후 바로 냉장 시스템에 의해 유통되고, 가정에서도 구입 후 바로 냉장고에 보관하였다면 보통 30일 정도는 문제가 없다. 우리나라에서는 2019년부터 유통되는 달걀 표면에는 10자리 코드를 인쇄하도록 법으로 정하고 있으며, 구입할 때는 이를 참고하면 도움이 된다.

코드는 예를 들면 '1002M3CGS2'와 같이 되어 있다. 맨 앞의 네 자리 숫자는 산란일을 의미하며, 예의 경우에는 10월 2일을 뜻한다. 다음 다섯 자리(M3CGS)는 생산자를 식별할 수 있는 고유의 코드이다. 마지막 숫자는 사육환경을 의미하고, 1부터 4까지로 구분되며, 숫자가 작을수록 좋은 환경에서 사육된 것이다.

산란 직후의 계란 내부에는 미생물이 거의 없으나, 보존기간이 길어짐에 따라 미생물이 침투하여 번식하게 되고, 결국 부패하게 된다. 이물질을 제거하여 상품성을 높이기 위해 계란의 껍데기를 물로 세척하게 되면 큐티클층이 파괴되어 미생물이 침투하기 쉬워진다.

마요네즈는 유화 식품이고, 유화가 유지되지 못하면 더 이상 마요네즈로서의 역할을 할 수가 없다. 마요네즈의 유화가 유지될 수 있는 것은 난황 중에 들어있는 인지질(燐脂質, phospholipid)의 일종인 레시틴 때문이다. 그런 의미에서 계란은 마요네즈를 만들 때 없어서는 안 될 필수원료다.

레시틴이란 단일 물질이 아니고 포스파티딜콜린(phosphatidyl-choline), 포스파티딜세린(phosphatidylserine), 포스파티딜에탄올 (phosphatidylethanol), 포스파티딜이노시톨(phosphatidylinositol) 등의 혼합물이다. 보통은 주성분인 포스파티딜콜린을 레시틴이라고 부른다.

같은 레시틴인데 난황의 레시틴은 O/W형 유화를 만들고, 대두 레시틴은 W/O형 유화를 만드는 주된 이유는 인지질의 조성에 차이가 있기 때문이다. 인지질 혼합물 중에서 포스파티딜콜린의 함량은 난황레시틴은 75~78%이고, 대두레시틴은 20~30% 정도이다.

2) 계란 가공품

계란은 그 상태 그대로는 마요네즈의 원료가 될 수 없으며, 일정한 가공 과정을 거쳐야 비로소 원료로 사용할 수 있게 된다. 계란은 활용 범위가 넓어 다양한 가공품이 있으며, 그중에서 마요네즈와 관련된 가공품으로는 액란(液卵), 냉동란(冷凍卵), 건조란(乾燥卵), 효소(酵素)처리 난황 등이 있다.

① 액란(liquid egg)

대규모로 마요네즈를 제조하는 공장이라면 자체적으로 계란을 구입하여 액란을 제조하는 것도 가능하겠으나, 마요네즈에는 보통 난황만을 사용하게 되므로 발생되는 난백의 처리 문제도 만만한 것이 아니어서 규모가 작은 공장이라면 계란 전문 가공회사에서 액란을 구입하는 것이 현실적이다.

또한 계란을 취급하는 공간은 미생물이 번식하기 좋은 환경이므로 직접 액란을 제조할 경우에는 다른 작업실과는 격리하고, 새니타이즈를 철저히 하는 등의 대책이 필요하다. 액란의 잔유물이 설비나 장치 등에 말라붙으면 세척하기가 매우 힘들게 되므로 휴식이나 점심시간 전에는 물을 뿌려 간이세척이라도 해야 한다.

액란은 껍데기를 제거한 내용물을 말하며, 계란의 가공품 중에서 가장 단순한 형태이다. 액란에는 전란액(全卵液, liquid whole egg), 난황액(卵黃液, liquid egg yolk), 난백액(卵白液, liquid egg white/liquid albumen) 등이 있다. 상업적으로 판매되는 제품은 할란(割卵), 여과(濾過), 살균(殺菌) 등의 공정을 거치게 된다.

할란은 보통 할란기(割卵機)라는 기계를 사용하며, 메이커 및 기계의 모델에 따라 처리 속도 및 분리 능력에서 차이가 난다. 난각을 제거할 때 일부 액란도 섞여서 배출되므로 액란의 수율(收率, yield)은 계란의 구성 성분에 나오는 전란의 비율보다 낮다.

난황과 난백을 분리하지 않고 함께 받아내면 전란액이 되며, 분리하여 받아내면 난황액과 난백액을 얻을 수 있다. 일반적으로 난황액은 난백의 혼입이 적은 것을 상등품으로 여기며, 반대로 난백액은 난황의 혼입이 적은 것이 상등품이다. 신선한 계란일수록 난황과 난백의 분리가 잘 되고 상호 혼입이 적으므로 수율이 좋아진다.

할란하여 얻은 액란은 원심분리 또는 여과망을 통하여 난각의 부스러기, 난각막, 난황막, 알끈(chalaza) 등을 걸러 주게 된다. 이때 균질화(均質化)도 동시에 이루어지게 된다. 난백액 중의 농후난백은 여과망을 통과하면서 겔(gel)의 구조가 깨어지게 되어 수양난백과 균질하게 섞이게 된다. 전란의 경우에는 난황과 난백이 섞여 균일하게 된다.

할란하여 바로 사용하는 것은 살균을 생략하기도 하나 판매용으로 제조되는 대부분의 액란은 살균하여 냉장유통하게 된다. 판매용 살균 액란에 대한 〈식품공전〉의 미생물 규격은 대장균군 1g당 10CFU 이하, 일반세균 1g당 10,000CFU 이하로 되어 있다.

액란의 살균은 계란의 성분이 응고되지 않는 55~66℃ 정도의 낮은 온도에서 이루어지게 되며, 살균 조건을 법으로 정하여 두는 국가도 있다. 액란의 저온살균(pasteurization)은 멸균(滅菌, sterilization)이 아니기 때문에 살균 후에도 미생물이 남아있으며, 미생물의 성장을 억제하기 위하여 가능한 한 5℃ 이하에 보관하여야 한다.

② 냉동란(frozen egg)

계란은 계절적으로 가격의 변동성이 큰 품목이므로 안정적인 공급을 위하여 냉동하여 유통기한을 늘리기도 하며, 냉동변성(冷凍變性)을 이용하여 품질의 개선을 꾀하기도 한다. 보통은 살균 후에 냉동하게 되지만 가열공정이 있는 제품인 경우는 비살균 냉동란을 원료로 사용할 수도 있다.

난황이나 전란을 그대로 동결하면 비가역적인 겔화가 일어나 해동하여도 액체 상태로 돌아오지 않게 되므로 식염이나 설탕을 첨가하여 냉동하게 된다. 식염이나 설탕을 첨가하는 것은 난황의 겔화를 방지하는 것이 주목적이지만 동결이나 해동 과정에서 미생물이 증식하는 것을 억제하는 목적도 있다. 난백과는 달리 난황이나 전란은 미생물이 번식하기 쉬우므로 액란의 온도를 빨리 영하로 떨어뜨려야 한다.

설탕을 첨가한 가당냉동전란(加糖冷凍全卵)이나 가당냉동난황(加糖冷凍卵黃)은 주로 빵이나 과자의 원료로 사용되며, 마요네즈의 경우는 주로 가염냉동난황(加鹽冷凍卵黃)이 사용된다. 식염을 첨가하는 이유가 냉동을 위한 것이므로 그냥 가염난황(加鹽卵黃)이라고 하여도 가염냉동난황으로 이해하면 된다. 식염의 첨가량은 보통 10%(난황 90에 식염 10)가 일반적이다.

순수한 전란, 난황, 난백 모두 빙결점(氷結点)은 -0.5℃ 정도이나, 10% 가염난황의 경우는 빙점강하에 의해 빙결점이 -18℃ 정도로 낮아진다. 따라서 -20℃ 이하로 냉각하지 않으면 동결되지 않는다. 주로 -30℃~-40℃ 정도의 냉동고에서 급속 동결하는 방법을 사용한다.

가염난황이라 하여도 -20℃ 이하에서 장기간 보관하면 동결에 의한 변성이 일어나므로, -30℃~-40℃ 정도의 냉동고에서 급속 동결하고 하룻밤(약 16시간) 지난 후에는 -15℃ 전후의 냉동고로 옮기는 것이 좋다. -15℃ 정도에서 보관한 가염난황은 1년 정도 경과한 후에도 마요네즈를 만드는 데 아무 이상이 없다.

일반적으로 미생물은 0℃ 이하에서는 증식하지 않으므로, -15℃

전후의 냉동고에서는 미생물의 증식 없이 얼리지 않고 보관할 수 있다. 식염을 첨가하는 것만으로도 유동성이 현저히 낮아지며, -15℃의 냉동고에서 꺼내어 바로 사용하면 점도가 매우 높아 물에 잘 풀리지 않으므로 온도를 올려서 사용하는 것이 좋다. 보통은 실온의 작업장에 꺼내놓고 퇴근한 후 다음 날 아침에 사용한다.

난백의 경우는 라이소자임(lysozyme)이라는 효소가 약 0.3% 함유되어 있으며, 라이소자임은 항균작용이 있어 미생물이 쉽게 번식하지 못하므로 살균하지 않고 냉동하는 경우가 많다. 난황이나 전란과는 달리 난백은 식염이나 설탕을 첨가하지 않고 그대로 동결시키는 것이 보통이다.

난황이나 전란의 경우와는 달리 난백은 동결시켰다가 해동하면 오히려 유동성이 높아진다. 이는 동결에 의해 농후난백의 구조가 변하여 수양난백과 같은 상태로 되기 때문이다. 난백의 해동은 시간이 매우 많이 걸리며, 실온에 방치하는 것만으로는 24시간이 지나도 잘 녹지 않으므로 흐르는 물속에 담가두어야 빨리 해동된다.

③ 건조란(dehydrated egg)

건조란은 계란을 건조하여 수분 함량을 3~17% 정도로 낮춘 것으로서 난황분, 난백분, 전란분 등이 있다. 건조 방법으로는 동결건조(凍結乾燥, freeze drying)나 분무건조(噴霧乾燥, spray drying) 방법이 사용된다. 동결건조의 경우 좋은 품질의 건조란을 얻을 수 있는 장점이 있으나 건조 비용이 비싸기 때문에 보통은 분무건조 방법을 사용한다.

난황이나 전란과는 달리 난백의 경우 포도당(glucose)을 포함하고 있어서, 이를 제거하지 않으면 단백질 중의 아미노기와 반응하여 건조난백에서 갈변(褐變)이 발생하거나 불쾌한 냄새가 날 수도 있다. 건조 전에 포도당을 제거하는 방법으로는 미생물이나 효소를 사용한다.

건조란은 실온에 보관하여도 미생물적인 문제가 없으며, 부피가 줄어들어 저장 및 운반이 편리하다는 장점이 있다. 또한 제품에 고농도로 첨가하는 것이 가능하다는 장점도 있다. 그러나 건조 중에 열에 의해 변성이 일어나고, 액란 대용으로 사용할 경우에는 사전에 물에 용해시켜야 하는 불편이 있다는 단점이 있다.

난황분과 물을 1:1의 비율로 혼합하면 난황액과 비슷해지며, 마요네즈를 만들 수도 있다. 그러나 난황액에 비해 유화력이 현저히 떨어지므로 100% 대체하는 것은 어렵고, 생난황의 15%까지는 대체 사용하여도 마요네즈의 품질에는 이상이 없다. 일반적으로 난황분을 마요네즈의 원료로 사용하는 경우는 드물고, 계란의 수급에 문제가 발생하여 난황액을 충분히 구입하기 어려운 비상시 등에 사용한다.

④ 효소처리 난황

계란이 유화제로 작용하는 것은 주로 난황 중의 포스파티딜콜
린 때문이다. 포스파티딜콜린은 다음과 같이 지방산에 인산이 붙
어있는 인지질(燐脂質, phospholipid)의 일종이다.

$$
\begin{array}{l}
\quad\ \ \text{H} \\
\quad\ \ | \\
\text{H-C-OOCR}_1 \\
\quad\ \ | \\
\text{H-C-OOCR}_2 \\
\quad\ \ | \qquad\ \ \text{O} \\
\quad\ \ \qquad\quad \| \\
\text{H-C-\ O-P-O-CH}_2\ \text{-CH}_2\ \text{-N(CH}_3)_3\,\text{OH} \\
\quad\ \ | \qquad\ \ | \\
\quad\ \ \text{H} \qquad\ \text{OH}
\end{array}
$$

포스파티딜콜린

포스파티딜콜린을 지질분해효소의 일종인 포스포리파제A_2
(phospholipase A_2)로 분해하면 두 번째 위치에 있는 지방산이 떨어
져나가 리소레시틴(lysolecithin)으로 변하게 된다. 리소레시틴은 화
장품의 원료로도 사용되는 물질로서 레시틴보다도 유화력이 매우
높다.

$$
\begin{array}{l}
\quad\; H \\
\quad\; | \\
H-C-OOCR_1 \\
\quad\; | \\
H-C-OH \\
\quad\; |\qquad\quad O \\
\quad\; |\qquad\quad \| \\
H-C-O-P-O-CH_2-CH_2-N(CH_3)_3\,OH \\
\quad\; |\qquad | \\
\quad\; H\qquad OH
\end{array}
$$

리소레시틴

효소로는 덴마크의 노보자임스(Novozymes)라는 회사의 '레시타
제(Lecitase)'라는 상품이 널리 사용되고 있다. 식염농도 10~13% 범
위에서는 효소의 작용 효과에 차이가 없다. 제품 카달로그에는 효
소의 반응 조건이 온도 40~50℃, pH 4~6 정도의 범위로 되어 있으
나 pH 5.8~5.9 사이에서 작용 효과가 좋았고, 이 범위의 pH에 상
당하는 난황의 RI는 43.0~44.4이다. 효소의 첨가량은 가염난황액
의 270ppm 정도다.

원래 마요네즈에 효소처리 난황을 사용하는 기술은 미국의 특
허였으나, 현재는 특허기간이 만료되어 누구나 사용할 수 있게 되
었다. 국내에서 제조되는 대부분의 마요네즈도 효소처리 난황을
사용하고 있다. 효소처리 난황은 일반 난황에 비하여 유화력이 높
아지는 특징이 있다. 따라서 난황의 사용량을 줄여도 동일한 유화

안정성을 가진 마요네즈를 만들 수 있다.

효소처리 난황을 사용하여 만든 마요네즈는 특히 열에 강한 특징이 있다. 보통의 마요네즈는 70℃ 이상으로 가열하면 분리되지만, 효소처리 난황을 사용하여 만든 마요네즈는 100℃ 이상에서도 쉽게 분리되지 않는다. 또한 마요네즈의 점도가 높아지며, 일반 마요네즈에 비해 동결분리에 강하다.

16

조미료

16

조미료

식물성식용유와 난황만으로도 마요네즈를 만들 수 있으며, 어느 정도 고소한 맛은 부여할 수 있다. 그러나 맛을 좀 더 조화롭게 하여 고소한 맛을 더욱 증대시키고, 마요네즈 본연의 역할을 충분히 발휘하려면 식초, 식염, 설탕, MSG 등의 조미료를 적절히 사용하여야 한다.

1) 식초

식초(食醋, vinegar)는 신맛을 내는 대표적인 조미식품으로 이주 오래전부터 이용되어 왔다. 영어의 'vinegar'라는 단어는 프랑스어 'vinaigre'에서 왔으며, 이것은 포도주를 뜻하는 'vin'과 시다는 뜻의 'aigre'의 합성이라고 한다. 인류가 식초를 언제부터 이용하여 왔는지는 불분명하지만 인류의 역사와 함께 시작되었다고 할 정도로 오래되었다.

우리나라에서는 삼국시대에 이미 식초가 사용되었을 것으로 추정되며, 고려시대에는 식초가 음식의 조리에 이용되었다는 기록이 남아있다. 공업적으로 대량생산한 식초는 1960년대까지는 빙초산을 희석한 합성식초가 사용되었으며, 양조식초로는 1969년에 한국농산에서 사과식초를 출시한 것이 최초다.

식초는 역사가 오래된 만큼 종류 역시 매우 많으며, 크게 양조식초(醸造食醋)와 합성식초(合成食醋)로 구분한다. 양조식초란 곡류, 과일류, 주류 등을 주원료로 하여 발효시켜 제조하며, 합성식초는 빙초산을 물로 희석하여 만든다. 빙초산은 순도 99.0% 이상인 순수 초산(醋酸, acetic acid, CH_3COOH)을 말하며, 빙점이 16.6℃로서 낮은 온도에서는 얼음과 같은 고체 상태이므로 '빙초산(氷醋酸)'이라는 이름이 붙었다.

빙초산은 석유를 원료로 하여 여러 화학적 처리 공정을 거쳐 제조하게 되므로 합성식초라고도 하며, 식용으로 할 수 없도록 규제하는 국가도 있으나 우리나라에서는 아직 허용되고 있다. 빙초산은 피부에 닿으면 화상을 입히고, 마셨을 경우에는 사망에 이를 정도로 위험한 물질이다. 식품용 합성식초는 안전성을 고려하여 희석하게 되며, 규격은 초산 농도가 29.0% 미만이어야 한다. 〈식품공전〉에서는 발효식초와 빙초산은 서로 혼합하여서는 안 된다고 규정하고 있다.

양조식초는 원료에 따라 과일식초(사과식초, 포도식초, 감식초, 매실식초 등)와 곡류식초(맥아식초, 현미식초, 화이트식초 등)로 구분하기도 한다. 맥아식초, 사과식초 등은 사용된 원료의 이름을 따서 부르고 있는 것이다. 보통 맥아식초(麥芽食醋)는 양조식초라는 이름으로 시판되며, 양조식초의 대명사처럼 되어 있다. 이는 맥아를 이용한 양조식초가 가장 먼저 생산되었기 때문에 관습적으로 부르는 것이다.

양조식초는 알코올에 초산균을 배양하여 얻어지는 것으로서, 직접 알코올을 원료로 하여 제조하거나 당분을 다량 함유한 원료로 1단계 공정에서 알코올을 만들고 2단계 공정에서 식초로 만든다. 포도당(glucose)은 효모(yeast)의 작용에 의해 에탄올(ethanol/ethyl alcohol)과 이산화탄소로 분해된다.

$$C_6H_{12}O_6 \Rightarrow 2CH_3CH_2OH + 2CO_2$$
$$\text{포도당} \Rightarrow \text{에탄올} + \text{이산화탄소}$$

에틸알코올(에탄올)이 초산으로 변하는 과정은 2단계로 나누어진다. 1단계로 수소가 떨어져 나가 아세트알데하이드(acetaldehyde)로 변하고, 2단계로 아세트알데하이드에 산소가 결합하여 초산으로 변한다. 에탄올을 산화시켜 초산을 만드는 균을 초산균(醋酸菌, acetic acid bacteria)이라고 하며, 식초 제조에 일반적으로 많이 이용되는 것은 호기성(好氣性) 세균인 아세토박터 아세티(Acetobacter aceti)이다.

$$CH_3CH_2OH \Rightarrow CH_3CHO + H_2$$
$$\text{에탄올} \Rightarrow \text{아세트알데하이드} + \text{수소}$$

$$CH_3CHO + H_2O \Rightarrow CH_3COOH + H_2$$
$$\text{아세트알데하이드} + \text{물} \Rightarrow \text{초산} + \text{수소}$$

초산균이 호기성 세균이기 때문에 초산발효에는 산소가 반드시 필요하며, 식초 제조는 산소를 공급하는 방법에 따라 크게 2종류로 구분된다. 첫째는 공기 중의 산소를 그대로 이용하는 것으로서

민간에서도 이용하는 전통적인 방법이며, 둘째는 펌프 등으로 산소를 적극적으로 공급하는 방법으로서 주로 식초 제조 공장에서 이용한다.

전통적 방법은 정치식(定置式) 발효라고도 하며, 원료 고유의 풍미가 살아있고 여러 유익한 미량성분이 함유되어 있는 것이 장점이다. 반면에 시간이 많이 걸리고, 제조과정 중에 원하지 않은 다른 미생물이 작용하여 실패하기 쉬우며, 초산의 함량이 높아지지 않는 것이 단점이다. 전통적 방법의 식초는 원료의 당분 함량에 따라 차이가 있으나 산도는 보통 5% 정도가 되며, 감식초는 산도가 3~4% 정도로 더욱 낮고, 포도식초는 6~8%로 정도로 다소 높은 편이다.

공업적인 대량생산에서는 발효시간을 단축하고 발효 효율을 높이기 위하여 주정(酒精)을 원료로 사용하며, 알코올발효를 생략하고 바로 초산발효를 실시하는 것이 일반적이다. 주정은 에틸알코올(ethyl alcohol/ethanol)을 의미하며, 보통 식용알코올이라고 하면 에틸알코올을 말한다. 공업적인 초산발효는 효율이 좋아 초산 함량이 20% 이상 되는 식초가 만들어지며, 시판되는 식초는 물로 희석하여 초산 함량을 조정한 것이다.

시판되는 양조식초는 초산의 함량에 따라 일반식초(초산 6~7%), 2배식초(초산 13~14%), 3배식초(초산 18~19%)라고 구분하기도 한다.

2배 또는 3배라고 하는 것은 일반식초에 비교하여 부르는 것이다. 마요네즈 대기업은 보통 식초도 함께 생산하므로 자체 원료용으로는 초산 함량을 10%로 맞추어 사용하기도 한다. 초산 함량이 10%이면 제품을 개발하거나 개선할 때 초산의 양을 계산하기도 간편하며, 품질관리에도 편리한 이점이 있다.

화이트식초(white vinegar)는 곡류를 원료로 알코올발효한 발효주정을 원료로 하여 초산발효시킨 것을 말한다. 산도는 10% 이상이어서 신맛이 강하고 산뜻하며, 무색투명한 외관을 갖고 있어서 화이트식초라고 부른다. 증류하여 알코올 함량을 높인 것을 원료로 사용하기 때문에 증류식초(distilled vinegar)라고도 한다. 일부 문헌에서는 "식초를 증류하여 얻기 때문에 증류식초라고 한다"라는 설명이 있기도 하나 이는 잘못된 것이다.

마요네즈의 원료로 사용하는 식초는 주목적이 미생물 억제 및 신맛 부여다. 같은 초산 농도라 하더라도 식초의 맛에 차이가 있으므로 잘 선택하여야 한다. 원료로 사용하기에 좋은 식초는 신맛이 톡 쏘지 않고 부드러우며 이상한 냄새가 없어야 한다. 이를 위하여 제조 직후의 식초보다는 3개월 정도 숙성시킨 것이 좋고, 한 종류의 식초만 사용하는 것이 아니라 2~3종류의 식초를 혼합하여 사용하는 것이 좋다. 보통 마요네즈용 식초로는 맥아식초, 화이트식초, 사과식초 등이 많이 사용된다.

2) 식염

식염(食鹽, salt)은 인류의 가장 오래된 조미료이고, 식품을 보관하는 수단으로 다양하게 활용되어 왔다. 식염은 예로부터 생산과 유통을 국가에서 직접 관리할 정도로 중요한 생필품이었다. 봉급을 뜻하는 영어 단어 셀러리(salary)의 어원은 라틴어로 소금을 뜻하는 'sal'이며, 로마 시대에 군인들의 급료로 소금을 지급한 데서 유래하였다고 한다.

식염은 전통적으로 바닷물을 증발시켜 만들거나 오랜 옛날 지각변동에 의해 바다가 융기하여 형성된 바위처럼 단단한 암염(巖鹽)을 캐내어 얻게 된다. 이렇게 얻은 소금은 천일염(天日鹽) 또는 자연염(自然鹽)이라고 한다. 오늘날에는 전기분해 등의 방법으로 염화나트륨의 순도가 높은 소금을 대량으로 생산하게 되었으며, 이렇게 얻은 소금을 정제염(精製鹽) 또는 식탁염(食卓鹽)이라고 부른다.

천일염을 녹여서 여과하여 불순물을 제거한 후 다시 결정화시킨 것은 재제염(再製鹽)이라고 하며, 꽃소금이라고도 불린다. 이 외에도 원료 소금을 400℃ 이상의 고온에서 태우거나 용융(熔融) 등의 방법으로 처리한 죽염(竹鹽), 구운소금 등이 있고, 소금에 다른 식품이나 식품첨가물을 섞어서 만든 가공소금도 있다. 가공소금의 대표적인 것이 맛소금이며, 맛소금은 식염에 MSG를 혼합한 것이다.

성제염은 염화나트륨(NaCl)의 함량이 99.8% 이상으로서 거의 100%에 가까우며 그 외에 염화마그네슘($MgCl_2$) 0.09%, 황산마그네슘($MgSO_4$) 0.08%, 염화칼륨(KCl) 0.02%, 황산칼슘($CaSO_4$) 0.01% 등이 포함되어 있다. 천일염은 염화나트륨 95.6%, 염화마그네슘 1.8%, 황산마그네슘 1.2%, 황산칼슘 0.9%, 염화칼륨 0.6%, 기타 미량성분이 섞여 있는 혼합물질이다. 염화나트륨은 짠맛을 내며, 그 이외의 성분은 쓴맛, 떫은맛 등을 나타낸다. 따라서 정제염에는 짠맛밖에 없으나 천일염은 짠맛 이외에도 여러 가지 복합적인 맛이 난다.

모든 식염은 마요네즈의 원료로 사용할 수 있으나 제조공장에서는 일반적으로 정제염을 원료로 사용한다. 경제적인 면에서도 정제염이 유리하지만 식염 중에 이물질이 혼입되어 있을 가능성이 가장 적기 때문이기도 하다. 식염도 미생물 억제에 도움을 주지만 그 영향은 식초에 비해 매우 적기 때문에 식염은 주로 짠맛을 부여하여 풍미를 좋게 할 목적으로 사용한다.

가염난황을 원료로 사용할 경우에는 배합비를 설계할 때 가염난황 중에 포함되어 있는 식염도 고려하여야 한다. 예로서, 마요네즈의 배합비 중에 난황이 9.9%, 식염이 1.48%인 경우라면, 가염

난황(난황 90%, 식염 10%) 11%를 넣어야 난황이 9.9%가 되며(11% × 0.9 = 9.9%), 이때 식염도 1.1% 함께 들어가므로 나머지 0.38%의 식염을 추가하여야 한다.

가염난황은 보관 온도나 저장기간에 따라 약간 변동이 있기는 하나 식염 함량 7~13% 정도에서는 마요네즈를 제조하는 데 별 문제가 없다. 따라서 생산되는 마요네즈가 하나밖에 없거나, 한 배합비의 마요네즈 생산량이 많아 독립적인 생산라인을 갖추고 있는 경우에는 일반적인 10% 가염난황을 사용하는 대신에 배합비를 고려하여 가염난황의 식염 비율을 조정함으로써 별도로 식염을 추가하지 않도록 할 수도 있다.

위에서 예를 든 마요네즈의 경우와 같이 배합비 중에 난황이 9.9%, 식염이 1.48%인 경우라면, 13% 가염된 가염난황(난황 87%, 식염 13%) 11.38%를 넣으면 난황 9.9%와 식염 1.48%를 동시에 만족시키므로 추가로 식염을 넣을 필요가 없게 된다(11.38% × 0.87 = 9.9%, 11.38% × 0.13 = 1.48%).

3) 설탕

설탕(雪糖, sugar)은 음식에 단맛을 내는 가장 기초적인 조미식품으로서 오래전부터 이용하여 왔다. 설탕은 사탕수수 또는 사탕무에서 추출한 즙에서 얻어진 당액(糖液)을 정제한 것으로서 주성분은 자당(蔗糖, sucrose)이며, 단당류인 포도당(葡萄糖, glucose)과 과당(果糖, fructose)이 합쳐진 이당류다. 설탕은 정제 정도에 따라 정백당(精白糖), 황백당(黃白糖), 흑설탕(黑雪糖) 등으로 분류한다.

정백당은 원당(原糖)을 정제하여 제일 먼저 나오는 설탕이며, 자당의 함량이 99.7% 이상으로서 흰색을 띠고 있으므로 백설탕(白雪糖) 또는 상백당(上白糖)이라고도 한다. 보통 설탕이라고 말할 때는 백설탕을 의미하며, 마요네즈의 원료로는 백설탕이 주로 사용된다.

황백당은 정백당을 추출하고 남은 원료를 재차 처리하여 나오는 것으로 중백당(中白糖)이라고도 하며, 자당 함량은 97.0% 이상이다. 흑설탕은 황백당을 추출하고 남은 것을 다시 처리하여 얻게 되고, 세 번 가열한다고 하여 삼온당(三溫糖)이라고도 부르며, 자당 함량은 88.0% 이상이다. 흑설탕은 황백당보다 색이 더욱 짙어서 흑갈색을 띠며, 색이 필요한 식품에 사용하므로 카라멜 시럽을 약간 섞기도 한다.

단맛을 내는 원료로는 설탕 외에도 포도당, 과당, 물엿 등 다양하게 있으나 마요네즈에는 일반적으로 설탕이 사용된다. 최근 설탕을 비롯한 당류를 대체할 저칼로리 감미료로서 스테비올배당체, 사카린나트륨, 아스파탐, 수크랄로스 등의 합성감미료가 주목을 받고 있으나, 환자식 등 특수한 경우가 아니면 마요네즈에 합성감미료를 사용하는 일은 드물다.

4) MSG

MSG는 소금과 후추 다음으로 많이 쓰이는 조미료로서 1909년 스즈끼제약소(鈴木製藥所)에서 '맛의 근원'이란 의미인 '아지노모토(味の素)'라는 상품명으로 최초로 생산하였다. 우리나라에서는 아지노모토(味の素)와 비슷한 의미인 '미원(味元)'이란 상품명으로 1956년에 최초로 생산되었다. MSG가 본격적으로 일반화된 것은 1963년 미원이 발효공법으로 대량생산 체제를 갖추고부터이다.

MSG는 'mono sodium glutamate'를 줄여서 부르는 것이며, 정식 명칭은 'L-글루탐산나트륨(monosodium L-glutamate)'이다. 화학

식으로는 '$C_5H_8NNaO_4 \cdot H_2O$'이고, 글루탐산(glutamic acid)에 나트륨(Na)과 물(H_2O)이 한 분자씩 결합한 물질이다. 종전에는 '글루타민산'이라고 불렀으나, 일본식 발음이라고 하여 현재는 '글루탐산'으로 고쳐서 부르고 있다.

글루탐산은 자연계에 널리 존재하는 아미노산의 일종으로 단백질의 중요한 구성성분이며, MSG에서 감칠맛을 내게 하는 성분이다. MSG는 글루탐산이 물에 거의 녹지 않기 때문에(물 100g에 0.864g 녹음), 용해도를 높이기 위하여 나트륨과 결합한 나트륨염(鹽)으로 만든 것이다(MSG는 물 100g에 74g 녹음). MSG는 물에 녹으면 글루탐산 이온과 나트륨 이온으로 해리된다.

MSG와 비슷하게 발효공법에 의해 생산되는 조미료로서 핵산(核酸, nucleic acid)이 있다. 핵산은 세포핵의 DNA, RNA 등에 존재하는 산이며, 이 중에서 이노신산(inosinic acid, inosine-5'-monophos-phate, IMP)과 구아닐산(guanylic acid, guanosine-5'-monophosphate, GMP)의 나트륨염은 감칠맛을 내는 조미료로 사용된다.

IMP는 가다랑어포(가쓰오부시, かつおぶし)에서 발견하였으며 쇠고기맛을 내고, GMP는 표고버섯에서 발견하였으며 버섯의 감칠맛 성분이다. 이들은 단독으로도 사용되지만 MSG와 함께 사용할 때 상승효과가 있으며, 시판되는 핵산조미료는 97% 이상의 MSG와 2.5% 전후의 IMP 및 GMP가 혼합된 것이 보통이다. 마요네즈의

경우 IMP나 GMP는 난황 중의 포스파타아제(phosphatase)에 의해 분해되기 쉬우므로 거의 사용하지 않는다.

5) 기타 조미료

최근의 소비자 경향은 인공적인 것보다는 고급스러운 것, 천연적인 것을 요구하고 있다. 예전부터 사용하여 온 식초, 식염, 설탕, MSG 등의 기초조미료는 기본적인 맛은 낼 수 있으나, 고급스럽다거나 천연적이란 느낌을 주지는 못한다. 이상과 같은 문제점을 극복하기 위한 대안으로서 개발된 것이 엑기스, 단백가수분해물, 향미유, 시즈닝분말 등이다.

보통의 마요네즈는 식초, 식염, 설탕, MSG 등 기초조미료만 사용하고 기타의 조미료는 사용하지 않거나 사용하더라도 아주 소량을 사용할 뿐이다. 이는 마요네즈의 주 용도가 샐러드이며, 소재가 되는 과일이나 채소 본연의 맛을 손상시키지 않는 것을 추구하기 때문이다.

마요네즈가 드레싱을 만드는 베이스로 사용될 경우에도 마요네즈의 맛이 너무 튀면 곤란하기 때문에 기타 조미료를 많이 사용할 수 없다. 그러나 드레싱의 경우에는 이런 제한이 없기 때문에 다양한 조미료를 사용하여 특유의 맛을 강조하는 것도 가능하다.

① 엑기스(extract)

엑기스란 원료에서 원하는 성분을 추출하여 농축한 것으로 농축액(濃縮液) 또는 추출물(抽出物)이라고도 한다. 일반적으로 널리 사용되는 '엑기스'라는 용어는 영어(네덜란드어)의 '엑스트랙트(extract)'에서 나온 말로서 일본인들이 '에키스(エキス)'라고 부르던 것이 변한 말이다.

엑기스는 본래의 원료에 비하여 무게와 용량이 감소하여 보관과 수송에 유리하고, 농축되어 있으므로 소량으로도 사용 목적을 달성할 수 있다는 장점이 있다. 엑기스는 감칠맛을 부여하면서 동시에 MSG 등으로는 표현할 수 없는 농산물이나 축산물 등이 가지고 있는 고유의 특징을 살린 천연풍미에 가까운 맛을 제공한다는 장점이 있다.

농산물엑기스에는 양파, 마늘, 생강, 파, 당근, 양배추, 셀러리 등 야채를 가공한 야채엑기스와 표고, 양송이 등 버섯을 가공한 버섯엑기스가 있다. 소, 돼지, 닭 등의 축산물을 원료로 사용한 축산물엑기스는 고기를 원료로 한 미트엑기스(meat extract)와 뼈를 원료로 한 본엑기스(bone extract)로 구분할 수 있으며, 일반적으로 본엑기스보다 미트엑기스가 가격은 비싸지만 향이나 맛이 강하다.

수산물엑기스에는 가다랑어, 고등어, 연어, 참치 등의 어류를 원료로 한 어류엑기스, 가리비, 바지락, 굴 등 패류(貝類)를 원료로 한 조개류엑기스, 게, 새우 등 갑각류를 원료로 한 갑각류엑기스, 다시마, 미역, 김 등 해조류를 원료로 한 해조류엑기스 등이 있다.

맥주효모, 빵효모, 토룰라(torula)효모 등에서 추출한 효모엑기스는 최근에 주목 받고 있는 소재이며 쓴맛, 아린맛, 식물의 풋내 등을 마스킹(masking)하는 효과도 있고, 짠맛이나 신맛을 완화하기도 하여 식품의 풍미를 향상시킨다.

② 단백가수분해물(蛋白加水分解物)

단백가수분해물에는 탈지대두(脫脂大豆), 밀 글루텐(gluten), 옥수수 글루텐 등을 원료로 사용한 식물성단백가수분해물(hydrolyzed vegetable protein, HVP)과 어패류, 육류, 젤라틴(gelatin) 등을 원료로 한 동물성단백가수분해물(hydrolyzed animal protein, HAP)이 있다.

단백질의 가수분해에는 염산(HCl)과 같은 산을 이용하는 방법과 효소를 이용하는 방법이 있다. 산분해 제품은 가수분해 후에는 중화(中和), 여과, 정제, 농축 등의 공정을 거쳐 제품화한다. 단백질이 분해되면 펩타이드(peptide)와 뉴클레오타이드(nucleotide)가 되고,

더욱 분해되면 최종적으로는 아미노산(amino acid)이 된다. 산분해 제품은 아미노산이 주성분이고, 효소분해 제품은 아미노산과 펩타이드가 주성분이다.

효소분해 제품은 산분해 제품에 비하여 맛과 향이 부족한 단점이 있으나, 산분해 과정에서 발생하는 모노클로로프로판디올(3-MCPD)이란 인체에 유해한 물질이 생성되지 않는다는 장점이 있다. 단백가수분해물은 MSG 대용으로 사용되어 감칠맛을 내면서도 너무 강하지 않아 자연스러운 느낌을 준다.

일반적으로 HVP는 감칠맛이 강하고, HAP는 단맛이 강하다. 그러나 HVP나 HAP라는 이름으로 판매되고 있는 제품도 대부분 순수한 단백가수분해물이 아니라 HVP나 HAP에 식염, MSG 등이 혼합되어 있는 복합조미식품인 경우가 많다.

③ 향미유(香味油)

향미유는 식용유와 향신료의 혼합제품으로서 성장하여 왔으며, 현재는 다양한 종류의 향미유가 식품의 풍미 개선에 사용되고 있다. 〈식품공전〉에서는 향미유를 "식용유지에 향신료, 향료, 천연추출물, 조미료 등을 혼합한 것으로서, 조리 또는 가공 시 식품에 풍미를 부여하기 위하여 사용하는 것"으로 정의하고 있다. 간단히 말하여 유용성(油溶性)의 풍미 성분을 식용유에 녹여놓은 것이며,

시즈닝오일(seasoning oil)이라고도 불린다.

향미유는 향이 약한 소재에 향을 주거나, 새로운 향을 부여하기도 하며, 불쾌한 냄새를 억제하거나 바람직한 향미로 바꾸는 효과도 있다. 향의 부여를 주된 목적으로 사용하지만, 고추맛기름이나 라면의 액상수프처럼 맛을 증강시키는 목적으로도 사용된다. 향미유는 유성(油性)이기 때문에 가열을 하여도 쉽게 증발하지 않는 특성이 있어서 열처리가 필요한 식품에 적합하다.

④ 시즈닝분말(seasoning powder)

시즈닝분말이란 식품에 사용하는 분말 형태의 혼합조미료를 통칭하는 말이며, 〈식품공전〉에서는 '복합조미식품'이라고 부르고 "식품에 당류, 식염, 향신료, 단백가수분해물, 효모 또는 그 추출물, 식품첨가물 등을 혼합하여 분말, 과립 또는 고형상 등으로 가공한 것으로 식품에 특유의 맛과 향을 부여하기 위해 사용하는 것"이라고 정의하고 있다.

시즈닝분말은 그 원료에 제한이 없으며, 분말 형태의 조미료면 모두 사용할 수 있다. 기초조미료인 설탕, 식염, MSG는 물론이고, 건조한 향신료를 분쇄한 것이나 올레오레진을 분말화한 것도 사용할 수 있으며, 엑기스나 단백가수분해물을 분말화한 것도 사용할 수 있다.

따라서 사용 목적에 맞게 다양한 종류의 시즈닝분말을 만들 수 있으며, 제품화하여 판매되고 있는 것도 많이 있다. 시즈닝분말은 단품(單品) 조미료만으로는 낼 수 없는 오묘하고 복합적이며, 실제 조리한 것과 같은 느낌을 주어 고급스러운 식품 개발에 도움을 준다.

17

향신료

17

향신료

향신료(香辛料, spice)는 음식에 풍미를 부여하거나 식욕을 촉진시킬 목적으로 사용하는 식물성 원료로서 미각적(味覺的)인 맛보다는 주로 향(香)을 돋우는 역할을 하며, 때로는 색상을 개선하기 위하여 사용된다. 향신료와 유사한 용어로 향료, 허브, 향미료 등이 있다.

- **향료**(香料, perfume): 향기를 내는 휘발성물질을 통칭하는 것으로 식품용뿐만 아니라 화장품용으로도 많이 사용된다. 향료는 천연향료 외에 인공향료도 있으며, 천연향료 중에서도 식물성 향료 외에 사향노루에서 얻은 사향(麝香)과 같이 동물성 향료도 있다는 점에서 향신료와 구분된다.

고대 이집트의 유물에 향로(香爐)가 있고, 미라(mirra)에 향료를 사용한 흔적이 있으며, 『구약성서』에도 유향(乳香)이 언급되는 등 인류는 아주 오랜 옛날부터 향료를 사용해왔음을 알 수 있다. 고대에는 주로 종교의식에서 향료를 사용하였으며, 점차 종교의식에서 멀어져 일상생활에 사용하게 되었다.

16세기 프랑스에서 향료추출공업이 탄생하였고, 19세기로 접어들면서 유기화학공업이 발달하고 알코올을 공업적으로 싼 값에 제조할 수 있게 되면서 향수(香水)가 널리 일반에게까지 보급되었다. 식품첨가물인 합성향료에는 바닐라향, 딸기향, 아몬드향 등 수많은 종류가 있다.

• 허브(herb): 향신료 중에는 허브라고도 분류할 수 있는 것이 많아서 향신료와 허브는 종종 혼동되어 사용되기도 한다. 향신료와 허브의 차이점은 향신료는 뿌리, 껍질, 잎, 과실 등 식물의 모든 부분에서 얻어지며 주로 건조하여 사용하지만, 허브는 주로 1~2년생 초본류(草本類)의 잎을 사용하고 건조된 것보다는 신선한 것을 그대로 사용하는 경우가 많다는 점이다.

허브의 어원은 라틴어로 '푸른 풀'을 의미하는 '헤르바(herba)'이며, 예로부터 식용이나 약용으로 사용되어 온 향미(香味)가 있는 채소(菜蔬)는 모두 허브라고 할 수 있고, 한자로는 향초(香草)라고도 한다. 그러나 향신료와 허브의 구분은 엄격한 것은 아니며 향신료는 허브를 포함하는 개념으로 이해하면 된다.

향신료와 야채(野菜) 또는 채소(菜蔬)의 구분도 모호하다. 원래 야채는 '들에서 나는 나물'을 의미하며, 채소는 '밭에서 기르는 농작물'을 의미하는 단어였으나 요즘은 두 단어를 같은 뜻으로 사용하고 영어로는 'vegetable'로 번역한다. 마늘, 고추, 양파, 파, 생강, 셀러리 등은 채소이자 허브이며, 향신료이기도 하다.

- **향미료(香味料):** 향미료의 사전적 의미는 '약품이나 음식물에 향기로운 맛과 냄새를 더하는 원료'이나, 향신료와 조미료를 포함하는 의미로도 사용되는 등 사용하는 사람에 따라 다양한 개념을 내포하고 있으며, 영어로는 flavoring, seasoning, spice 등 다양하게 번역된다. 향미료는 천연적인 것뿐만 아니라 인공적으로 합성한 것도 포함된다는 점에서 향신료와 구분된다.

마요네즈의 기본을 이루는 식용유, 난황, 식초, 식염, 설탕 등은 어느 회사의 제품이던 크게 차이가 없고, 분석을 통하여 그 함량을 유추해낼 수도 있다. 그러나 각 제품은 고유의 특징적인 맛이 있으며, 그 내용은 각 회사의 노하우(know-how)에 해당한다. 이런 맛은 많은 경우 사용하는 향신료에 의해 결정된다.

마요네즈나 드레싱에는 여러 종류의 향신료가 사용되고 있으며, 소량 사용되면서도 각 제품의 독특한 특징을 나타낸다. 드레싱에는 오이피클 등 다른 고형물도 많이 사용되므로 분말 향신료도 사용되나 마요네즈의 경우는 이물질로 오인되는 경우도 있어 액상 향신료가 주로 사용된다.

  향신료로는 식물의 열매, 씨앗, 꽃, 뿌리 등 모든 부분이 이용되며, 하나의 식물에서 여러 부분이 향신료로 사용되는 경우도 있다. 주로 사용되는 부위에 따라 구분하면 다음과 같은 종류가 있다.

- **잎을 이용하는 향신료**: 타임(thyme), 세이지(sage), 바질(basil), 월계수(laurel), 파슬리(parsley), 오레가노(oregano), 로즈메리(rosemary), 마저럼(marjoram), 타라곤(tarragon) 등
- **종자(씨앗)를 이용하는 향신료**: 코리앤더(coriander), 카르다몸(cardamom), 쿠민(cumin), 펜넬(fennel), 아니스(anise), 셀러리(celery), 페뉴그릭(fenugreek), 캐러웨이(caraway), 스타아니스(star anise), 겨자(mustard) 등
- **열매를 이용하는 향신료**: 넛메그(nutmeg), 올스파이스(allspice), 후추(pepper), 고추(redpepper) 등
- **뿌리나 땅속줄기를 이용하는 향신료**: 마늘(garlic), 양파(onion), 생강(ginger), 강황(turmeric) 등
- **껍질을 이용하는 향신료**: 계피(cinnamon, cassia)
- **꽃을 이용하는 향신료**: 사프란(saffron)은 꽃의 암술을 이용하고, 클로브

(clove)는 꽃봉오리를 이용한다.

향신료는 사용하는 목적에 따라 구분할 수도 있다. 하나의 향신료는 하나의 목적만을 위하여 사용되는 것이 아니라 여러 가지 목적으로 사용되기도 한다. 향신료를 사용 목적에 따라 구분하면 다음과 같은 종류가 있다.

- **냄새 마스킹(masking):** 고기 누린내, 생선 비린내, 기타 불쾌한 냄새를 없애거나 억제하기 위하여 사용하는 향신료로는 후추, 마늘, 생강, 넛메그, 클로브, 로즈메리, 세이지, 카르다몸, 타임, 오레가노, 캐러웨이 등이 있다.
- **풍미 부여:** 주로 향을 부여하기 위한 것으로 대부분의 향신료가 해당되며 올스파이스, 아니스, 바질, 셀러리, 쿠민, 마저럼, 페뉴그릭, 타라곤, 박하, 코리앤더, 스타아니스, 계피, 넛메그, 메이스, 클로브, 월계수, 타임, 세이지, 파슬리, 오레가노, 로즈메리, 캐러웨이, 펜넬 등이 있다.
- **매운맛 부여:** 주로 매운맛으로 자극하여 소화액의 분비를 유발하고 식욕을 증진시키기 위한 것으로 후추, 생강, 겨자, 고추, 마늘, 양파, 파 등이 있다.
- **착색(着色):** 특징적인 색을 부여하기 위한 것으로 강황(황색), 고추(적색), 파프리카(적색/주황색), 겨자(황색), 사프란(황금색), 파슬리(녹색) 등이 있다.
- **항균(抗菌):** 식품에서 미생물을 억제하기 위한 목적으로 클로브, 겨자 등이 사용된다.

향신료는 식물 그대로 이용하기도 하나, 여러 가지 방법으로 가공하기도 한다. 일반적으로 자연 그대로의 향신료는 가공된 향신료에 비해 향과 맛이 약하다. 향신료를 가공형태에 따라 구분하면 다음과 같은 종류가 있다.

- **천연향신료**: 향신료를 자연 그대로 사용하거나 원형을 알아볼 수 있는 형태로 단순히 건조하기만 한 것, 또는 건조품을 분쇄하여 분말화한 것을 말한다.

- **에센스(essence)**: 에센스란 물체의 본질(本質) 또는 정수(精髓)라는 의미이다. 향신료에서 유효성분을 압착(壓搾), 침출(浸出), 증류(蒸溜) 등의 방법으로 추출한 것이며, 기름과 비슷한 형상을 띠고 있으므로 정유(精油, essence oil)라고도 하며, 향기가 강하기 때문에 향유(香油)라고도 한다. 보통은 에탄올(ethanol) 등으로 희석하여 조제하므로 수용성(水溶性)이며, 상온에서 휘발하기 쉽고, 햇빛이나 열, 공기 등과 접하면 변하기 쉽다. 따라서 불투명 용기에 넣고 밀봉하여 냉암소(冷暗所)에 저장하는 것이 좋다.

- **올레오레진(oleoresin)**: 향신료의 유효성분을 유기용매로 추출하여 농축한 것이며, 유효성분 외에 검질(gum質) 및 수지(樹脂)를 포함하고 있어 끈적끈적하고 점도가 높은 액상이다. 품질 유지를 위하여 희석제, 산화방지제 및 기타 식품첨가물을 첨가하기도 한다. 유용성(油溶性)이므로 물에는 녹지 않고 보통은 식용유에 녹여서 사용하게 된다. 원료 향신료에 비

해 품질이 균일하고 장기간 보관할 수 있는 장점이 있다.

- 분말화(粉末化) 향신료: 올레오레진이 점도가 높아 사용하기 불편하므로 분무건조 시키거나 포도당, 덱스트린 등에 흡착시켜 분말 형태로 가공한 것을 말한다. 사용하기에는 편하나 올레오레진에 비해 향과 맛은 약하여 사용량을 늘려야 한다.

올레오레진이나 에센스는 향이나 색상이 매우 강하기 때문에 생산 현장에서 사용할 때는 미리 식용유나 식초(물)에 적절한 농도로 희석하여 준비한 것을 제공하여야 한다. 액상 향신료는 미생물적인 우려가 없으나 분말 향신료는 비교적 높은 수준의 미생물이 있는 경우도 있으므로 사용할 때는 이에 대한 대비를 하여야 한다.

올레오레진이나 에센스는 원액을 희석하여 규정된 품질의 제품을 만들게 되므로 구입할 때는 유용성분의 도세지(dosage)를 잘 확인하여야 한다. 도세지는 원래 독일어로서 약물 등의 용량(用量)을 의미하는 단어이나, 올레오레진이나 에센스 등에서는 유용성분의 함량(세기)을 뜻하는 경우가 많다. 도세지에 따라 같은 회사의 제품이라도 가격에 차이가 난다.

18

증점제

18

증점제

1) 증점제 일반

마요네즈의 경우 충분한 양의 난황을 사용하기만 하면 유화가 풀리거나 하는 일이 없이 물리적으로 안정하다. 그러나 난황은 마요네즈의 구성 원료 중에서 가격이 비싼 편에 속하며, 원가 절감 차원에서 마냥 많이 넣을 수만은 없다. 난황의 양을 줄인 마요네즈에서는 물성의 안정을 위해 증점제(增粘劑, thickener)를 사용하게 된다.

증점제로 사용되는 물질들은 점도를 높일 뿐만 아니라 겔(gel)을 형성하기도 하고, 유화 작용도 하며, 일정한 분산 형태가 유지되도록 하는 역할도 하기 때문에 사용 목적에 따라서 젤형성제(젤形成劑), 안정제(安定劑), 유화제(乳化劑) 등으로 표기되기도 한다.

〈식품공전〉에서는 마요네즈의 필수원료로서 "식용유지와 난황 또는 전란, 식초 또는 과즙"을 지적하고 있을 뿐 그 사용량에 대한 언급은 없으며, 증점제 사용을 금지하지도 않고 있다. 따라서 식용유를 30% 정도 사용하고 난황을 2% 정도 사용한 후 전분이나 검류로 유화 상태를 유지시킨 통상적으로 '샐러드드레싱'으로 불러야 할 것도 '마요네즈'라고 표기할 수 있다.

그러나 일본의 경우에는 마요네즈에 증점제를 사용하는 것을 금지하고 있으며, 미국에서는 유화제로서 난황 이외의 원료를 사용하지 않고 식용유 함량이 많은 제품에 한하여 '리얼마요네즈(real mayonnaise)'라고 하여 보통의 마요네즈와 구분하여 표시하기도 한다.

증점제는 대부분 다당류(多糖類)이며, 다당류는 포도당(glucose), 과당(fructose), 갈락토오스(galactose), 자일로스(xylose) 등의 단당류(單糖類)가 글리코시드결합(glycosidic bond)을 통하여 큰 분자를 만들고 있는 당류를 통틀어 일컫는 말이다. 전분을 가수분해하여 얻게 되는 중간산물인 덱스트린(dextrin)이나 이보다 더욱 분해되어 3~10개 정도의 단당류가 결합된 올리고당(oligosaccharide)도 다당류의 일종이나, 이들은 증점 효과가 없기 때문에 증점제에서 제외

된다.

검이나 전분 등의 다당류는 수많은 당이 결합되어 있는 것이며, 보통은 나선형의 반결정(半結晶) 구조로 이루어져 있다. 다당류를 물에 녹이면 구조 속으로 물이 침투하여 부풀어 오르게 되며, 결국에는 반결정 구조가 깨어지고 길게 뻗은 쇄상(鎖狀)으로 변하게 되면서 점성이 높아진다. 이런 변화를 호화(糊化, gelatinization) 또는 알파화(α化)라고 한다.

호화된 다당류는 시간이 흐르면 다시 원래 상태인 반결정 구조로 돌아가면서 물을 배출하게 된다. 이런 변화를 노화(老化, retrogradation) 또는 베타화(β化)라고 한다. 일반적으로 호화는 가열하면 반응이 촉진되고, 노화는 저온에서 빠르게 진행된다. 호화와 노화는 온도뿐만 아니라 산(酸)이나 식염 등의 농도에 따라서도 영향을 받는다.

마요네즈 및 드레싱에는 식초와 식염이 비교적 고농도로 포함되어 있기 때문에 사용하는 증점제는 내산성 및 내염성이 강한 것을 선택하여야 한다. 또한 제조공정 중에 가열공정이 없는 경우에는 냉수에서도 쉽게 호화되는 것을 선택하여야 한다.

2) 검류

대표적인 검류로는 다음과 같은 것이 있다.

① 잔탄검(xanthan gum)

잔탄검은 '산탄검' 또는 '크산탄검'이라고 부르는 사람도 있으나, '잔탄검'이라고 하는 것이 일반적이다. 잔탄검은 잔토모나스 캄페스트리스(*Xanthomonas campestris*)라는 균으로 포도당 등의 탄수화물을 발효하여 얻은 고분자 다당류를 정제한 담황색의 분말이다.

잔탄검은 물에 잘 녹으며 알코올에는 녹지 않는다. 다른 증점제에 비하여 비싼 편이지만 소량으로도 증점 효과를 줄 수 있고, 그 외에도 여러 장점이 있어 다양한 식품에 사용되는 대표적인 증점제이다. 잔탄검의 가장 큰 장점은 산, 염분, 열, 효소 등의 영향을 거의 받지 않는다는 것이다.

일반적으로 다른 증점제들은 식초나 식염이 들어있는 경우에는 점도가 떨어지게 되는데, 잔탄검은 pH 2~13의 범위 내에서 안정한 편이며, 식염에 의한 점도 저하도 거의 없다. 잔탄검은 찬 물에서도 쉽게 호화되어 안정된 점도를 형성하므로 가열공정이 없이 제조되는 마요네즈와 같은 제품에 적합하다. 잔탄검은 첨가된 양에 비례하여 점도가 상승하는 특징이 있어 원하는 점도를 맞추기 쉽다. 잔탄검은 우수한 내열성을 가지고 있어 가열하더라도 점도 저하가 적은 점도 큰 장점이다.

잔탄검을 사용할 때 주의할 점은 골고루 잘 분산시켜야 한다는 것이다. 미숫가루를 물에 타서 먹어본 사람은 미숫가루가 덩어리 저서 물에 떠다닐 뿐 잘 풀어지지 않는다는 경험을 하였을 것이다. 이것은 미숫가루 덩어리의 겉 부분이 물을 흡수하여 막을 형성하고, 물이 덩어리 속으로 침투하지 못하게 하여 발생하는 현상이다.

일단 이런 덩어리가 형성되면 일일이 그 덩어리를 터트려주기 전에는 더 이상 물에 녹지 않고 덩어리 속은 뽀송뽀송한 분말 형태로 남아있게 된다. 이런 현상은 모든 증점제를 물에 녹일 때 일어나지만 물을 쉽게 받아들이는 잔탄검의 경우는 더욱 심하게 된다.

이런 현상을 극복하기 위해서는 식염이나 설탕 등 물에 잘 녹는 다른 분말원료와 미리 잘 혼합한 후에 투입하면 된다. 대두유 등의 식용유를 원료로 함께 사용하는 제품이라면, 소량의 식용유에 잔탄검을 분산시켜서 투입하기도 한다. 이는 잔탄검이 물을 흡수하여 점성을 내나 식용유는 흡수하지 못하고 식용유 안에서 분산될 뿐이라는 점을 이용한 것이다. 이런 보완책을 쓰더라도 잔탄검을 완전히 분자 단위로 나누는 것은 불가능하며, 같은 양을 사용하더라도 격렬히 교반하여 잘게 나눌수록 점도가 상승하게 된다.

잔탄검의 수용액은 유동성이 좋아 유화액상드레싱 등과 같이 점성을 지닌 액상의 제품에 사용하면 병을 기울였을 때 내용물이 균일하게 흘러나오게 되는 장점이 있다. 그러나 첨가량을 늘린 고점도의 제품에서는 치즈처럼 늘어나는 물성이 되므로 마요네즈나 반고체상드레싱과 같이 숟가락 등으로 떠서 사용하는 제품의 경우에는 적절하지 않을 수도 있다. 또한 잔탄검을 사용한 제품의 식감(食感)은 약간 미끄덩거리는 느낌이 있어 많은 양을 사용하기에는 부적합하다. 이런 단점을 보완하기 위하여 구아검 등과 같은 다른 검과 함께 사용하거나 전분과 함께 사용하기도 한다.

② 구아검(guar gum)

구아검은 콩과 식물인 구아(*Cyamopsis tetragonolobus*) 종자의 배유(胚乳)를 분쇄하여 얻어지며, 갈락토스(galactose)와 만노스(mannose)가 중합된 갈락토만난(galactomannan)으로 구성된 다당류이고, 갈락토스와 만노스의 구성비는 1:2이다. 백색 또는 엷은 황갈색의 분말로서 냉수에도 쉽게 녹고 점성도 높은 편이다.

식염에 의한 영향이 거의 없고 광범위한 pH에서 안정하여 여러 식품에 사용된다. pH 6-10에서 점도가 최고로 증가되며, pH 10 이상 또는 pH 3.5 이하에서는 점도가 저하된다. 마요네즈의 pH는 3.8~4.0 정도이므로 사용에 문제는 없다. 냉수에도 쉽게 녹는 편이나, 열을 가하면 호화가 더 잘 되므로 가열공정이 있는 제품에 적합하다.

　같은 양을 사용하면 잔탄검에 비해 점도가 낮으므로 사용량을 늘려야 되나, 상대적으로 가격이 낮으므로 오히려 경제적일 수도 있다. 잔탄검과 섞어서 사용하면 점도의 상승효과가 있고, 잔탄검에 비하여 저렴하므로 과거에 구아검을 일부 섞은 것을 잔탄검으로 속여서 판매하는 경우도 있었다.

　구아검의 수용액은 잔탄검과 달리 기울였을 때 연속적으로 흘러내리지 않고 톡 톡 끊어지는 현상을 보인다. 이 성질을 응용하여 순수 잔탄검과 구아검이 섞인 잔탄검을 구별할 수도 있다. 또한 잔탄검의 수용액은 가열하였다 식히면 가열 전과 점도의 변화가 거의 없으나, 구아검의 수용액은 가열 전과 가열하여 식힌 후의 점도에 차이가 있어서 구분되기도 한다. 구아검은 반고체상드레싱에 적합하고 유화액상드레싱에는 적절하지 않다.

　③ 타마린드검(tamarind gum)

　타마린드검은 콩과 식물인 타마린드(*Tamarindus indica* Linné) 종자의 배유에서 추출한 것이며 글루코스, 자일로스, 갈락토스 등으로 이루어진 복합다당류이다. 갈색을 띤 회백색의 분말로서 약간의 냄새가 있으며, 품질보존 등을 위하여 희석제를 첨가한 제품도 있다.

내산성과 내염성이 우수하고 열에도 안정하며, 특히 설탕, 포도당, 물엿 등과 함께 사용하면 점도가 증가하고 탄력성 있는 겔(gel)을 만들 수 있다. 보통 50~60℃로 가열하여야 호화되지만 냉수에 녹는 제품도 개발되어 판매되고 있다. 마요네즈의 원료로 사용할 때는 냉수에도 녹는 것을 선택하여야 한다.

④ 로커스트빈검(locust bean gum)

로커스트빈검(로커스트콩검)은 캐롭나무(carob tree)라고도 불리는 구주콩나무(*Ceratonia silliqua*)의 종자인 메뚜기콩(로커스트콩)을 분쇄하여 얻어지며, 백색 또는 엷은 황갈색의 분말로서 고유의 냄새가 있다. 갈락토스와 만노스의 중합체인 다당류로서 냉수에는 잘 녹지 않고 60℃ 이상으로 가열하면 투명하고 점성이 있는 수용액이 된다.

수용액의 점도는 산이나 알칼리에도 비교적 안정한 편이나 시간이 지나면서 급격하게 점도가 저하되므로 다른 증점제와 함께 사용하는 경우가 많다. 아이스크림, 빵 및 과자류, 소스류 등 여러 제품에 폭넓게 사용되며, 마요네즈나 드레싱의 원료로는 별로 사용되지 않는다.

⑤ 아라비아검(arabic gum)

아라비아검은 콩과 식물인 아라비아고무나무(*Acacia senegal Willdenow*)에서 얻어진다. 백색 또는 엷은 황갈색을 띠며 형상은 분말, 과립, 작은 덩어리 등 다양하다. 산이나 식염에도 비교적 안정한 편이나 시간이 경과함에 따라 점도가 저하되는 경향이 있다.

물에 대한 용해도가 높아 50% 수용액까지 만들 수 있으나, 다른 증점제에 비해 수용액의 점도는 낮은 편이다. 여전히 많이 사용되고 있기는 하나 최근에는 가티검(ghatti gum), 젤라틴(gelatin) 등의 다른 증점제로 대체되는 경향이 있으며, 마요네즈나 드레싱의 원료로는 별로 사용되지 않는다.

3) 전분류

전분(澱粉, starch)은 식물이 광합성을 하여 만든 영양분의 결집체이다. 여러 개의 포도당이 결합된 다당류이며, 아밀로스(amylose)와 아밀로펙틴(amylopectin)이란 2가지 성분으로 구성된다. 식물에 따라 이 둘의 구성 비율에 차이가 있으며, 이에 따라 호화 속도, 수용액의 점탄성(粘彈性) 등의 물리적 특성이 다르게 된다. 전분은 녹말(綠末)이라고도 하는데, 이는 원래 녹두의 전분을 가리키던 말이었으나 지금은 전분과 같은 의미로 사용된다.

전분은 찬 물에는 녹지 않고, 55~60℃ 이상으로 가열하여야 호화되어 반투명한 풀(paste) 같은 상태로 변하며 점성을 나타낸다. 일반적으로 전분용액의 점도는 검류의 수용액에 비해 낮으므로 같은 효과를 얻으려면 상당히 많은 양을 사용하여야 한다. 대표적인 전분에는 다음과 같은 것이 있다.

① 옥수수전분(corn starch)

세계적으로 가장 많이 사용되는 전분이며, 식품가공 분야에서 전분이라고 하면 옥수수전분을 의미하는 경우가 많다. 단순히 옥수수를 분쇄한 옥수수분(옥분)과는 다른 제품이며, 옥수수의 배유(胚乳)에서 채취하게 된다. 여러 천연전분 중에서 가장 하얗고 입자도 곱다. 옥수수전분의 호화 온도는 87℃ 정도로서 다른 전분에 비해 높은 편이다. 옥수수전분 호화액의 점성은 감자전분에 비해 약한 편이나, 안정성이 좋고 접착력이 강하여 여러 식품이나 요리에 사용된다.

② 감자전분(potato starch)

감자전분은 세계적으로 옥수수전분 다음으로 생산량이 많은 전분이다. 다른 전분에 비하여 호화온도가 낮은 편이며, 점성이 강하여 여러 식품에 많이 사용된다. 마트 등에서 판매되고 있는 가정 조리용 전분이 바로 감자전분이다. 산이나 식염이 존재하면 점도가 낮아지는 결점이 있어 마요네즈에는 잘 사용되지 않는다.

③ 고구마전분(sweetpotato starch)

고구마전분은 옥수수전분과 감자전분의 중간적인 성격이다. 고구마전분의 점도는 감자전분보다 낮지만 옥수수전분보다는 높고, 점도의 안정성은 감자전분보다 높지만 옥수수전분에 비해서는 불안정하다. 식품으로 직접 이용되는 것은 당면 정도이고, 대부분은 가공식품의 원료로서 물엿, 포도당, 액상과당 등의 제조에 이용된다.

④ 변성전분(modified starch)

식품공업, 섬유공업, 제지공업 등 산업적으로 이용하는 경우 천연전분이 본래 가지고 있는 특성만으로는 충분하지 않은 경우가 많다. 따라서 사용 목적에 맞게 전분을 화학적, 물리적 또는 효소적으로 처리하게 되며, 이렇게 하여 호화용액의 점도, 안정성, 접착력, 투명도 등을 개선한 제품이 변성전분(變性澱粉)이며, 가공전분(加工澱粉)이라고도 한다.

천연전분은 냉수에서는 호화되기 어려우나 변성전분 중에는 미리 호화시켜 찬물에서도 쉽게 호화용액을 만들 수 있도록 한 것도 있다. 호화전분(α화전분)은 제조 중에 가열공정이 없는 식품에 적합하다. 일반적으로 호화전분을 사용하면 가열하여 호화시키는 전분에 비하여 제품의 점도가 낮아진다.

변성전분의 원료가 되는 천연전분은 여러 가지가 있으나 옥수수전분이 가장 많이 사용된다. 변성전분은 수없이 많은 종류가 상품화되어 있으며, 사용하고자 하는 목적에 알맞은 제품을 선택하는 것이 중요하다. 마요네즈 및 드레싱의 원료로는 내산성(耐酸性), 내염성(耐鹽性)의 제품을 사용하여야 한다.

19

마요네즈
생산설비

19

마요네즈 생산설비

1) 생산설비 일반

공장에서 마요네즈를 생산할 때도 기본적인 원리는 가정에서 손으로 만드는 경우와 같다. 다만 다량으로 생산하기 위해 기계를 사용할 뿐이다. 마요네즈 제조공정 중에서 가장 중요한 것이 유화(乳化)와 균질화(均質化, homogenization)이며, 여기에 사용되는 설비는 각 회사마다 차이가 있다.

마요네즈 제조 설비는 크게 연속식과 배치(batch)식으로 구분할 수 있다. 연속식은 주로 미국을 비롯하여 유럽 등에서 채택하고 있고, 배치식은 주로 일본에서 채택하고 있다. 일부 공장에서는 유화탱크와 균질기가 일체형으로 결합되어 유화와 균질화를 동시에 하나의 설비에서 실시하기도 한다.

때로는 아예 균질기가 없이 유화기만으로 이루어진 설비도 있다. 이것은 설비가 단순하다는 장점은 있으나, 점도가 높은 마요네즈를 만들기는 어렵고, 제품의 점도를 조절하기 어렵다는 단점이 있다. 주로 저점도이고 고형물이 많이 섞여있는 드레싱류를 제조할 때 사용한다.

오뚜기를 비롯하여 국내 대부분의 마요네즈 제조 회사에서 사용하고 있는 방식은 배치(batch)식이다. 이는 일본 최대 메이커인 QP(キユーピー)의 제조 설비를 오뚜기에서 도입하였고, 오뚜기 근무 경험이 있는 사람들이 퇴사하여 마요네즈 생산 공장을 차린 결과이다.

① 연속식 설비

이 설비의 특징은 마요네즈의 제조 과정이 멈춤이 없이 계속 진행된다는 것이다. 설비의 핵심은 정량펌프(metering pump)에 있다. 정량펌프는 하나의 모터(motor)로 3개의 피스톤을 동시에 작동시켜 별도로 준비된 3개의 원료를 일정한 비율대로 공급하는 역할을 한다.

3개의 원료 저장탱크에는 각각 식용유, 식초 및 혼합조미액이 들어있다. 혼합조미액은 난황, 설탕, 식염, 향신료 등을 미리 혼합하여 둔 것이다. 각 원료가 들어가는 비율은 각 피스톤의 실린더 직경 및 한 번에 움직이는 거리에 따라 결정된다. 실린더의 직경은 고정되어 있는 것이므로, 배합비에 따른 투입 비율은 움직이는 거리로 조정하게 된다. 정량펌프가 정상적으로 작동하여 각 원료가 비율에 맞게 투입되는지 여부는 주기적으로 확인하여야 한다.

정량펌프를 통하여 배합비의 비율대로 공급된 각 원료는 예비유화탱크로 들어간다. 수작업으로 마요네즈를 만들거나 배치식으로 된 설비에서는 조미액을 먼저 넣고 교반하면서 식용유를 조금씩 투입하는데 비하여 연속식 설비에서는 조미액과 식용유가 동시에 투입된다는 것이 큰 차이점이다.

예비유화탱크에는 사선(斜線)으로 기울어진 축에 교반날개가 달려있어 동시에 투입된 3개의 원료를 혼합하여 유화시키게 된다. 또한 탱크에는 유화액의 양을 확인할 수 있는 센서가 있어서 하한선에 이르면 원료가 공급되고, 상한선에 이르면 원료 공급이 중단되도록 자동 제어한다.

예비유화탱크는 밀폐식이 아니어서 진공을 걸 수는 없으며, 제조된 마요네즈에는 공기가 포함되어 있다. 식용유의 산화를 지연시키기 위하여 유화탱크와 균질기(colloid mill) 사이에 질소(N) 주입 장치를 설치하기도 하나, 보통은 질소치환(窒素置換)을 하지 않는다. 대신 EDTA염 등의 산화방지제를 첨가하는 방법을 사용한다. 예비유화가 끝난 마요네즈는 균질기를 통과하며 점도가 상승한다.

②배치식 설비

이 설비의 특징은 마요네즈의 제조가 배치 단위로 이루어진다는 것이다. 유화의 상태를 배치별로 눈으로 확인할 수 있어서 배합실수의 우려가 적고, 문제가 있을 때 바로 수정이 가능하다는 장점이 있으나, 생산속도가 느리다는 단점이 있다. 이런 단점을 보완하기 위하여 예비유화탱크를 2대 설치하여 교대로 작업하는 방식을 취하고 있다.

예비유화탱크의 경우 교반 회전축의 방향에 따라 수직형과 수평형이 있으며, 수평형이 상하 교류가 심하기 때문에 교반 효과가 크다. 수직형의 경우는 교반기의 형태가 와이어(wire, 거품기 모양)로 된 것과 프로펠러 형태로 된 것이 있다. 프로펠러 형태가 와이어 형태에 비해 상하 교류의 효과가 크다. 수평형의 경우는 와이어 방식이다. 배치식 설비의 예비유화탱크는 밀폐식이며, 배합 시 진공을 걸어 마요네즈 중에 공기가 혼입되는 것을 최소화시킨다.

③ 설비 제작시(주문시) 유의사항

마요네즈 제조 설비를 설치하거나 제작 주문을 할 때는 일반적으로 다음과 같은 사항을 염두에 두어야 한다.

- 식용유와 물을 제외한 원료(특히 식초) 및 제품과 직접 접촉하는 모든 배관, 탱크 등의 재질은 SUS316 이상의 내산성, 내부식성 재질로 하여야 한다. 식용유와 물이 통과하는 배관 및 탱크는 SUS304 재질이면 충분하다.

- 탱크와 탱크 사이를 연결하는 배관류는 가능한 한 작업자의 행동에 제약을 주지 않도록 설치하여야 한다. 최단거리보다는 벽 등을 타고 돌아가거나 작업자의 키 높이보다 높게 설치하여야 하며, 배관이 바닥에 붙어있거나 무릎 높이에서 지나가지 않도록 한다.

- 모든 배관, 펌프, 밸브 등은 분해·결합이 용이하여야 하고, 분해·결합을 위한 작업 공간이 확보되어야 한다. (자주 분해할 필요가 없는 식용유 이송배관은 용접배관으로 처리하여도 된다)

- 꼭 필요한 경우가 아니라면 유량 조절이 가능한 정량밸브는 사용에 불편을 줄 뿐이므로, 닫히고 열리는 간단한 기능의 일반 볼밸브(ball valve)가 유용하다.

- 분해한 배관, 부품류를 세척할 수 있는 작업대 및 건조대, 열탕살균용 침지탱크 등이 제조 공간 내에 확보되어야 한다.

- 배관류를 비롯하여 설비를 분해하는데 필요한 공구(스패너 등)와 배관 세척에 필요한 대형 솔 등은 설비 발주 시 여분(spare)을 옵션으로 넣어두는 것이 좋다. 쉽게 구하기 어려운 메카니칼씰(mechanical seal), 특수 필터, 특수 베어링 등의 부품류도 여분을 확보하여 두는 것이 필요하다.

④ 마요네즈 제조 공간

일정한 규모 이상의 마요네즈를 제조하려면 독립된 제조 공간이 있어야 함은 물론이고, 그 외에도 원료, 포장재, 제품 등을 보관하기 위한 창고가 필요하다. 원료는 상온창고, 냉장창고, 냉동창고가 필요하며, 포장재는 상온창고만 있으면 된다. 제품은 냉장창고가 바람직하나 상온창고를 사용할 수도 있다. 원료 보관 창고는 배합실에 가까운 곳에 두고, 포장재 보관 창고는 포장실과 가까운 곳에 두는 것이 좋다.

제조 공간은 하나의 방을 사용할 수도 있으나, HACCP의 기준에 맞추어 위생구역을 나누는 것이 바람직하다. 난황, 설탕, 식염, 향신료 등을 미리 혼합하여 혼합조미액을 만드는 공정은 분말이 날리기 쉬우므로 격리된 공간에서 작업하는 것이 바람직하다. 포장 공정 역시 먼지가 날리기 쉬운 작업이므로 격리된 공간에서 작업하는 것이 좋다.

⑤ 마요네즈 제조 부대설비

마요네즈뿐만 아니라 다른 식품을 제조할 때도 필요한 필수 유틸리티(utility)로서 전기(電氣), 용수(用水), 스팀(steam), 압축공기(壓縮空氣) 등이 있다. 스팀을 공급하기 위해서는 보일러(boiler)가 필요하며, 압축공기를 공급하기 위해서는 컴프레서(compressor)가 필요하다.

용수는 수돗물이나 지하수를 사용하게 되며, 배합용의 정제수와 세척수 및 냉각수로 구분할 수 있다. 배합수는 수돗물을 쓰고, 세척수 및 냉각수는 지하수를 사용하는 등 구분할 수도 있으나, 보통은 모두 수돗물을 사용하는 것이 일반적이다. 지하수를 배합수로 사용할 경우에는 정기적으로 검사하여 먹는물로 적합한지 확인하여야 한다. 냉각수를 공급하기 위해서는 냉각기(冷却器) 및 옥외 냉각탑(冷却塔, cooling tower)이 필요하다.

2) 생산설비의 예

예비유화탱크와 균질기가 별도로 있는 배치식 마요네즈 생산

설비를 신규로 설치할 때는 기본적으로 다음과 같은 사항을 고려하여야 한다.

① 옥외(屋外) 식용유 보관 탱크

• 옥외 탱크는 동절기에 대비하여 가온장치(열선 또는 스팀배관)가 설치된 2중 재킷(jacket)으로 제작한다. 동절기에 가온장치는 근무자 퇴근 후의 야간에도 계속 가동되어야 한다.

• 탱크에는 저장량을 확인할 수 있는 장치가 설치되어야 한다. 간단하게는 탱크 외부에 눈금을 표시하고 도르레와 부표를 이용하여 잔량을 알 수 있는 장치를 설치하면 되고, 정밀하게는 센서를 이용하여 저장량을 파악하는 방법도 있다.

• 내부 청소 시에는 사람이 들어가야 하므로 탱크 상부의 덮개에는 출입구가 필요하고, 내외부에 사다리를 부착한다.

• 탱크의 상부에는 유증기(油烝氣) 또는 팽창된 공기를 배출할 수 있는 U자형의 통풍구를 설치하여야 한다. 통풍구 출구는 빗물이나 먼지 등이 들어가지 않도록 아래쪽을 향하게 하며, 곤충 등이 들어가지 못하도록 망을 부착한다.

• 탱크로리에서 식용유를 주입받는 입구 및 옥외탱크와 실내탱크를 연결하는 배관에 필터를 설치하여 이물혼입을 방지한다.

• 실내탱크로 연결되는 배관은 탱크의 바닥보다 약간 높은 곳

에 설치하여, 바닥으로 가라앉은 찌꺼기가 공급되는 것을 방지한다. 이송용 배관과 별도로 청소 시의 용도로 바닥 부분에 배수 배관(밸브)이 필요하다.

• 탱크 상부의 출입구 및 배관에 설치된 밸브에는 잠금장치를 하여 관계자 이외에는 조작할 수 없도록 한다.

• 이송펌프의 가동스위치는 실내탱크의 레벨센서(level sensor)와 연동하여 자동으로 작동하게 하며, 비상시를 위하여 수동스위치를 옥외탱크 및 실내탱크 부근 2곳에 모두 설치한다.

② 실내(室內) 식용유 보관 탱크 및 배관

• 실내에 있으므로 이중재킷으로 제작할 필요는 없으며, 옥외탱크와 마찬가지로 내용량 확인 장치, 출입구, 사다리, 통풍구 등을 설치한다.

• 상한선과 하한선을 감지하는 레벨센서를 장치하여 옥외 식용유탱크의 이송펌프와 연동시킨다. (하한 센서가 감지하여 이송펌프를 가동하고, 상한 센서가 감지하여 이송펌프를 멈춘다)

• 식용유는 유량계에 의해 투입되므로 비중을 일정하게 하려면 온도가 일정하여야 한다. 식용유의 온도를 일정하게(15~20℃ 정도) 유지하기 위하여 실내탱크에 리턴(return)배관을 설치하고, 중간에 온도센서와 연동되는 열교환기(heat exchanger)를 설치한다.

- 실내탱크의 온도 제어용 센서는 열교환기의 토출(吐出) 배관에 설치되어야 하며, 유화기로 투입되는 식용유의 온도를 유화기 조작판(main panel/main board)에서 확인할 수 있도록 실내탱크의 온도센서와는 별도로 메인패널 근처의 배관에도 온도계를 설치한다.
- 식용유가 유량계를 통과할 때는 공기의 혼입이 없이 배관에 꽉 차서 흘러야 하며, 유량계는 실내탱크와 유화기 사이의 메인패널 근처에 설치하고, 메인패널에서 조작한다.
- 열교환기 통과 후 리턴배관에 3방밸브를 설치하여 실내탱크의 이송펌프와 연계하여 작동되도록 하며, 메인패널에서 조작한다. 펌프의 성능은 배관 중에 공기가 혼입되지 않도록 유화기의 진공흡입력보다 커야 하며, 펌프의 속도를 조절하여 식용유의 공급 속도를 조절할 수 있어야 한다.

③ 식초 보관 탱크
- 조미액 제조 시 식초도 함께 투입하는 공정의 경우에는 별도로 식초탱크를 고려하지 않아도 좋으나, 식초를 별도로 투입하여야 할 마요네즈의 경우는 식용유 실내탱크와 마찬가지로 식초 실내탱크를 준비하는 것이 좋다. 식초를 별도로 투입하여야 할 마요네즈의 생산량이 많지 않을 경우에는 유화기에 호퍼(hopper)를 설

치하여 1 배치씩 투입할 수도 있다.

• 기본적인 설비는 식용유 실내탱크와 같이 하면 되지만, 열교환기 및 리턴 배관을 설치할 필요는 없다.(식초의 함량이 많지 않으므로 식초의 온도는 마요네즈 전체 온도에 별 영향을 주지 않음)

• 식용유의 경우와는 달리 탱크 및 유량계를 포함한 모든 배관은 식초에 견딜 수 있는 재질로 제작하여야 한다.

④ 조미액 제조탱크

• 식염, 설탕, 난황, 식초, 배합수, 기타 분말원료 등을 혼합하는 탱크이다. 이중재킷으로 할 필요는 없고, 쉽게 여닫을 수 있는 덮개가 있어야 한다. 교반 능력(모터의 세기, 교반날개의 구조 등)이 충분하여야 하며, 분말원료가 표면에 둥둥 떠다니는 형태로 섞이지 않는 현상이 나타나면 안 된다.

• 조미액을 리턴 시키거나 보관 탱크로 보내기 위한 배관 및 펌프 등이 부착되어 있어야 한다. 배관의 밸브는 자동밸브보다는 수동식 밸브가 작업하기에 편하며, 이송펌프도 수동으로 작동한다.

• 리턴배관과 이송배관이 갈리는 3방밸브와 탱크의 이송펌프 사이의 배관에는 이물질을 거르기 위한 여과망(strainer)이 설치되어 있어야 한다. 여과망은 너무 촘촘할 필요는 없으며 원료 투입 시 혼입될 수도 있는 분말원료 포대의 실밥 등 큰 이물을 걸러낼

정도면 된다. 여과망은 검류, 전분류 등 덩어리지기 쉬운 원료를 통과시켜 깨트리는 용도로도 사용된다. 이물질이나 원료 덩어리가 막히면 여과망에 심한 압력을 받게 되므로 튼튼한 것을 사용하여야 한다.

- 작업자의 작업 공간(발판)이 충분하게 확보되어야 한다. 발판은 탱크의 윗부분이 작업자의 가슴 높이 정도가 되도록 높이를 조절하여 제작한다.

⑤ 조미액 보관탱크
- 조미액은 10℃ 정도에서 보관되어야 하므로 냉각을 위해 이중재킷으로 제작하여야 하며, 밀폐식 덮개는 필요 없고 쉽게 여닫을 수 있는 일반적인 덮개로 충분하다.
- 조미액 보관 탱크에서는 격렬한 교반이 필요 없으므로 교반기의 교반 속도는 느리고 날개는 큰 것이 바람직하다.
- 보관량은 덮개를 열어서 확인할 수도 있으나, 1~2배치분 이하로 내려갔을 때 경고를 해줄 수 있는 레벨센서의 부착이 필요하다.
- 온도계 센서의 위치는 1~2배치분 정도 남아있을 때도 감지할 수 있는 정도로 낮은 곳에 있어야 하지만 너무 낮은 곳에 설치하면 세척이 곤란하므로, 센서 아래로 손이 들어갈 수 있는 정도

의 최소 공간은 있어야 한다.

- 보관탱크의 이송펌프는 메인패널에서 조작할 수 있어야 한다.

⑥ 조미액 계량탱크(balance tank)

- 계량탱크 밑에는 방수 전자저울이 장치되며, 초기 조건으로 계량탱크 레벨센서의 조미액 하한은 배관의 끝이 들어나지 않는 안전 수준(예; 10kg)으로 설정하며, 상한은 여기에 배합비 상 조미액 필요량(예; 80kg)을 더하여(예; 90kg)으로 설정한다. (배합비의 변경이 있을 경우에는 하한은 고정하고, 상한을 변경한다)

- 계량탱크에서 유화기로 들어가는 조미액의 양은 중량 센서 및 자동밸브에 의해 적절하게 제어되어야 하며, 계량탱크와 유화기 사이의 배관에 남아있는 조미액이 역류하여 계량탱크로 떨어지지 않아야 한다. (지나치게 정밀한 이중밸브의 경우 분해 및 세척을 할 수가 없으므로 기능에 문제가 없는 한 구조가 단순한 밸브를 사용한다)

- 계량탱크에서 나와 유화기의 1호기, 2호기로 분배되는 배관의 3방밸브에 오류 방지 장치를 설치하여 메인패널에서 자동제어하게 설계하여야 한다. (계량탱크에서 유화기로 조미액을 공급할 때, 작업자가 실수로 스위치 조작을 잘못하더라도 이미 배합된 마요네즈가 있는 탱크로는 조미액이 흘러들어가지 않도록 3방밸브로 자동 차단한다)

- 탱크 위에는 덮개를 설치하며, 덮개에는 배관이 지나갈 수 있

도록 구멍을 내어 둔다. 구멍의 크기는 배관의 외경보다 커서 서로 닿지 않아야 중량 측정에 지장이 없다.

- 계량탱크 밑 부분에는 잔량을 처리하거나 청소 등의 용도로 배수 배관(밸브)이 필요하다.

⑦ 유화기

- 진공 및 교반이 가능한 동일한 유화기를 2대 준비하여 교대로 배합한다. 회전 속도 및 날개의 구조는 유화를 시키기에 적당한 정도면 된다. (Brookfield 점도계 중에서도 B형 점도계의 No.6 rotor, 회전수 2rpm의 조건에서 측정하여 15~20 정도의 점도가 나오면 된다)

- 2중 재킷(jacket)으로 된 탱크이며, 냉각수로 온도를 낮출 수 있으면 되고, 스팀라인이나 보온장치 등은 필요 없다. (적당한 위치에 냉각수의 온도를 확인할 수 있는 온도계를 부착한다)

- 유화 탱크의 덮개는 진공에 견딜 수 있는 돔(dome) 형태의 든든한 구조로 하며, 고무 패킹(packing) 등을 부착하여 진공이 새지 않아야 한다. (덮개의 적당한 위치에 진공계를 부착하여 작업자가 수시로 확인할 수 있어야 한다)

- 유화 시 진공을 걸기 위한 진공펌프는 1대로 양쪽 유화기에 연결하여 사용하며, 작업 중 진공도 50cmHg 정도를 유지할 수 있어야 한다. (진공계로 확인하여 진공도가 낮아지면 수동으로 진공펌프를 가

동하여 원하는 진공도에 맞춘다)

- 유화기 내에 진공배관과 연결되는 부분에는 필터를 설치하여 조미액이나 식용유 등이 진공배관으로 흡입되는 것을 방지하여야 한다. 진공펌프에는 유화기로 공급되는 냉각수와는 별도 배관으로 물을 공급하여야 한다.

- 스파이스오일(spice oil) 등 액상 소량 원료를 투입하기 위하여 유화기로 들어가는 식용유 배관에 연결하여 용량 1L 정도의 작은 호퍼(hopper)를 부착하고, 호퍼 밑에 수동밸브를 설치한다.

- 공간의 효율적인 활용을 위해 적당한 높이에 작업 발판을 설치하고 진공펌프, 이송펌프 등은 그 밑에 배치하도록 한다. 작업 발판에는 간단한 비품을 놓거나, 작업일보 등을 작성하는데 필요한 작업대를 설치한다.

- 발판에서 조작하기 적당한 위치에 마요네즈 제조 설비 세트의 자동제어 장치, 조작 스위치, 경고등 등을 모아놓은 메인패널(조작반)을 설치한다. 자동제어 프로그램 중에는 작업자가 적절하지 못한 스위치 상태에서 버튼을 누르면 작동하지 않고 경고음만 울리도록 하는 것이 포함되어야 한다.

- 이송펌프는 1대만 설치하고, 'Y'자형 배관을 이용하여 두 개의 탱크와 균질기를 연결한다. (이송펌프는 메인패널에서 자동제어하여 원하는 탱크만 연결되도록 하는 안전장치가 필요하다)

⑧ 균질기(homogenizer/colloid mill)

- 예비 유화된 마요네즈를 균질화하여 점도를 높이고 안정된 유화 상태로 변환시키는 장치이며, 과열방지를 위한 냉각장치(냉각수)가 있어야 하고, 작업자 안전을 위한 커버(cover)를 부착하여야 한다.

- 마요네즈를 균질화 시키기에 충분한 회전수와 구조로 되어 있어야 하며, 간격을 쉽게 조절할 수 있도록 설계되어 작업 중 상태를 보아 마요네즈의 점도를 조절할 수 있어야 한다. 최대회전수는 3,600rpm 정도 되어야 하고, 인버터(inverter)를 사용하여 회전수를 변경할 수 있어야 한다.

- 균질기 통과 후의 배관에 3방밸브를 설치하여 처음 10~15초 동안 유화기로 리턴 시킨 후 서비스 탱크로 보낼 수 있도록 한다. 리턴 시키는 이유는 균질기가 정상속도에 도달하는데 시간이 필요하며, 정상속도 이전에 통과한 마요네즈는 충분히 균질화되지 않기 때문이다. (리턴 배관은 유화기 2대의 탱크 중에 하나에만 연결하면 된다)

⑨ 서비스 탱크

- 균질기를 통과한 마요네즈를 임시 보관하는 탱크이며, 탱크의 밑 부분은 마요네즈가 흘러내리기 쉽도록 30~40도 정도 경사가 있는 모양으로 제작한다. 탱크의 용량은 유화기 2배치분의 마

요네즈를 수용할 수 있는 정도로 한다.

• 탱크의 덮개는 밀폐식일 필요는 없고 쉽게 여닫을 수 있는 일반적인 것으로 충분하다.

• 균질기에서 서비스 탱크로 연결되는 배관의 토출구(吐出口)는 마요네즈가 서비스 탱크의 내벽을 타고 흘러내릴 수 있도록 한다. (탱크가 비어있는 상태에서 공급되는 마요네즈가 위에서 낙하하면 이리저리 튀어서 벽에 붙거나 공기가 혼입되기 쉽다)

• 탱크에는 레벨센서를 장치하여 상한선과 하한선을 관리한다. 상한선은 넘치는 것을 방지하기 위한 것으로 유화기의 이송펌프 및 균질기와 연동되어야 하고, 하한선은 탱크가 비어 공기가 혼입되는 것을 방지하기 위한 것으로 최대한 밑으로 설정한다. (작업 중 탱크 바닥까지 완전히 비어서 공기가 혼입되면 이송펌프가 제 역할을 못하므로 새니타이즈 시 외에는 항상 안전 수준의 잔량은 남겨두어야 한다)

• 탱크 밑에는 이송펌프를 설치하여 수동 조작으로 마요네즈 운반용 용기에 담거나, 자동으로 제품 충전기의 호퍼와 연동하도록 한다.

⑩ 충전 및 포장기

• 마요네즈를 제조하는 것은 판매를 하거나 다른 제품의 원료로 사용하기 위한 것이므로, 제조 이후에 필요한 충전, 캡핑(capping), 라벨 붙이기, 비닐 포장, 박스에 넣기 등에 필요한 설비는 목적에 맞게 별도로 검토하여야 한다.

• 충전 및 포장기의 처리능력은 유화기의 배합능력을 고려하여 선택하여야 병목현상에 따른 작업시간 낭비가 없게 된다.

• 충전 및 포장은 작업자의 동선(動線)을 고려하여 레이아웃(layout)을 설계하여야 한다.

3) 난황 효소처리 장치

난황은 그대로 사용할 수도 있으나, 식염을 첨가하고 효소(酵素)처리를 하여 유화력을 향상시킨 것을 사용하기도 한다. 효소처리된 난황은 냉동고에 보관하여 두고 필요시에 꺼내어 사용하게 된다. 난황의 효소처리에는 효소처리 탱크, 온수 공급 장치, 조작판(control panel) 등이 필요하다.

① 효소처리 탱크
• 탱크는 2중 재킷(jacket)으로 하여 온수에 의한 가온이 가능하

어야 하고, 온도 확인을 위한 센서 및 온도계, 난황액을 교반하기 위한 모터 및 교반기, 난황액을 리턴 시키거나 충전하기 위한 배관 및 펌프 등이 부착되어 있어야 한다. 탱크 내벽에는 난황액에 소용돌이를 만들어 줄 저항판을 부착할 필요가 있다.

• 교반기 날개는 하나의 축에 2개를 장착한다. 위의 날개는 충분히 크고, 난황액의 상하 유동이 잘 되는 형태로 설계되어야 하고, 밑의 날개는 바닥을 긁어주는 기능을 하여야 한다.

• 식염은 보통 10%를 투입하게 되며, 식염이 난황에 녹게 되면 점도가 급격히 상승하므로 탱크를 제작할 때는 이에 대한 고려를 하여야 한다. 교반 모터는 회전수가 매우 빠를 필요는 없으나, 점도 상승 후에도 난황액이 유동할 수 있는 정도는 되어야 하며, 높은 점도에도 견딜 수 있는 것이어야 한다.

• 탱크 바닥의 중앙에는 펌프로 이어지는 배관을 하고, 바닥의 경사는 녹지 않은 식염이 중앙으로 모일 수 있을 충분한 기울기를 주어야 한다. 식염 투입 중에는 리턴 펌프를 가동시켜 식염이 완전히 녹을 수 있도록 한다. 효소처리 작업이 끝나고 탱크를 비웠을 때 바닥에 남아있는 식염이 없도록 완전히 녹이는 것이 중요하다.

② 온수 공급 장치
• 스팀을 직접 효소처리 탱크의 재킷으로 보내면 온도 제어가

쉽지 않고, 난황이 익어 탱크 내벽에 눌어붙을 수 있으므로 온수 탱크에서 90℃ 정도의 뜨거운 물을 준비하여 공급한다. 온수탱크의 물은 스팀을 직접 넣어서 가열한다.

• 온도가 낮으면 효소 반응이 충분히 일어나지 않고, 온도가 지나치게 높으면 난황이 익어 버리게 되므로 효소처리 반응 중에는 40℃±1℃ 정도로 온도가 일정하게 유지되어야 한다. 이를 위해서 효소처리 탱크의 온도 센서와 연계하여 온수탱크의 온수가 공급되어야 한다.

③ 조작판(control panel)

• 효소처리 반응 시간은 약 5시간으로 상당히 긴 시간이 소요되고, 작업자가 할 일은 거의 없으므로 난황액, 식염, 효소 등의 투입 외에는 콘트롤패널에 필요한 사항을 입력하여 효소처리 설비가 자동으로 작동하게 한 후 그 시간 동안 다른 작업을 한다.

• 콘트롤패널에는 반응 종료를 알리거나 이상이 발생하였을 경우에 작동하는 신호(소리와 동시에 경고등)가 부착되어 있어야 한다.

어느 정도 규모가 있는 공장이라면 앞에서 설명한 설비가 모두 필요하겠지만, 소규모로 마요네즈를 제조하고자 하면 생략할 수 있는 부분도 있다. 18L 캔에 담긴 식용유를 구입한다면 옥외 및 실내 식용유 보관 탱크는 필요 없고, 18L 통에 담긴 식초를 구입한다면 식초 보관 탱크로 불필요하다.

1배치씩 작업을 한다면 조미액 보관탱크와 조미액 계량탱크도 필요 없고, 조미액 제조탱크도 적당한 크기의 스테인리스 볼(bowl)로 대체할 수 있다. 유화기는 진공호스(眞空 hose)가 부착된 진공믹서가 유용하겠으나(원료 투입은 진공호스를 이용하여 흡입), 진공을 걸 수 없는 일반 교반탱크라도 가능하다.

균질기는 간격을 조절할 수 있는 것이 바람직하나, 예비유화된 마요네즈의 식용유 입자를 잘게 부수어 점도를 상승시킬 수 있는 것이라면 간격이 고정되어 있는 것이라도 사용할 수 있다.(이 경우 점도의 규격 관리를 할 수 없는 단점은 감수하여야 함) 서비스 탱크와 그 이후의 충전 및 포장에 필요한 설비는 상황에 맞게 준비하면 된다.

난황의 효소 처리도 설비를 최소화할 수 있다. 2중 재킷으로 된 효소 처리 탱크는 반드시 필요하나, 온수 공급 장치 및 조작판은 생략할 수도 있다. 이 경우에는 효소처리를 하는 동안 작업자가 계속 옆에서 지켜보며 온도를 조절하여야 하는 번거로움이 있으나, 1회 작업 시 충분한 양을 처리하여 재고를 비축하여 두고 사용한다면 그 수고를 덜 수 있다.

마요네즈의
생산 및
품질관리

20

마요네즈의 생산 및 품질관리

1) 작업자의 역할

마요네즈를 생산한다는 것은 소비자에게 판매할 제품을 만든다는 것이며, 마요네즈를 생산하는 작업자에게 가장 필요한 덕목은 장인정신(匠人精神)이라 하겠다. 연구원이 기본적인 배합비와 제조 공정을 통보하여도 생산 현장에서 발생하는 구체적인 내용까지 규정할 수는 없으며, 이는 실제 작업하는 사람의 몫이 된다.

나는 일본에서 수입한 기계도 사용해 보았고, 국내에서 제작한 기계도 사용해 보았다. 그때마다 느낀 것이 마무리에서 국산은 일본제에 비하여 뒤떨어진다는 것이었다. 간단한 탱크의 경우에도 일본제는 용접한 흔적을 찾아볼 수 없으나, 국산은 용접 부분을 쉽게 발견할 수 있었다. 기능상으로는 차이가 없으나, 일본제가 더 고급스러워 보이는 것은 당연하다. 나는 이런 차이를 장인정신이 있고 없고의 차이로 생각한다.

옛날 어느 마을에 짚신을 만들어 파는 부자가 있었다. 아들은 아버지에게 기술을 전수받은 지가 오래되어 아버지와 똑같이 만들고 있다고 생각하였으나, 시장에 내놓으면 아버지가 만든 짚신이 먼저 팔리고 더 좋은 값을 받았다. 그 원인은 보푸라기에 있었다. 아버지는 짚신을 다 만든 후 비집고 나온 보푸라기를 모두 떼어냈으나, 아들은 보푸라기가 있는 채로 작업을 마무리하였던 것이다.

1994년 동원산업에서 출시한 마요네즈는 오뚜기의 마요네즈를 그대로 복사한 것이었다. 당시 오뚜기 연구소에 근무하였던 한 연구원이 오뚜기 '골드마요네즈'의 배합비를 몰래 훔쳐내어 동원산업으로 이적하여 만든 것이 '센스마요네즈'였다. 그러나 결과물로 나온 '센스마요네즈'는 '골드마요네즈'와 차이가 있었으며, 결국 경쟁에서 밀려 시장에서 사라졌다.

경쟁에서 밀리게 된 데에는 영업력이 약하거나 소비자의 클레임에 적절히 대응할 연구개발 능력이 부족하였던 이유도 있으나, 생산 현장 작업자들의 경험이 부족하여 일정한 규격에 맞게 안정된 제품을 생산하지 못하였던 것도 큰 원인이 되었다. 똑같은 배합비로 마요네즈를 만들었으나 똑같은 제품을 생산하지는 못하였던 것이다.

실제 생산에 있어 현장 작업자의 미세한 조정이 필요한 사항은 무수히 많다. 예를 들면, 계절에 따른 기온의 변화에 따라 마요네즈의 점도가 변하게 되며, 그때마다 균질기 등 설비의 작업조건을 조정하여 균일한 점도가 되도록 하여야 한다. 튜브마요네즈의 비닐 겉포장을 열로 접합할 경우에도 그날의 날씨에 따라 접합기의 설정 온도나 시간 등을 미세하게 조정하여야 한다.

작업자는 품질이 일정한 제품을 만드는데 그치지 않고 끊임없이 작업방식을 개선하여 생산성을 높이고, 작업환경을 개선하여 보다 일하기 좋은 여건을 조성하도록 노력하여야 한다. 이를 위해 일반적으로 많이 실시되고 있는 것이 분임조활동이며, 아이디어 제안제도이다.

또한 작업자는 사용하고 있는 설비 및 장치들이 최상의 조건을 유지할 수 있도록 관리하여야 한다. 이를 위해서는 정기적인 점검 및 보수가 필요하고, 작업자 스스로 간단한 정비는 할 수 있어야 한다. 설비 및 장치를 관리하는 것은 생산성 향상 및 원가절감에도 기여하는 것이 된다.

예를 들어 1kg 제품 충전기의 정상적인 충전오차가 ±20g이라고 하자. 1kg 제품의 법적 표시 허용오차는 15g이므로, 이 충전기를 사용할 경우는 1,005g으로 설정하고 작업을 하면 법적 표시중량을 지킬 수 있다. (실제 작업 시에는 안전을 위해 이보다 조금 높게 설정하는 것이 보통이다)

그런데 이 충전기의 관리가 잘못되어 충전오차가 ±25g이 되었다면, 설정값은 1,010g이 되어야 하며, 제품 1개당 5g씩(0.5%) 손실을 보게 된다. 1kg 제품에서 5g은 대수롭지 않다고 여길 수도 있으나, 그 제품의 개당 가격이 4,000원이고 하루 생산량이 10,000개라면 하루에 20만원의 손실이 발생하는 것이다. 생산현장의 관리자라면 한 생산라인에서 20만원의 원가절감이 얼마나 어려운 일인지, 생산수율을 0.5% 올리는 것이 얼마나 어려운 일인지 실감할 수 있을 것이다.

다른 예로 어떤 기계의 정비 관리가 잘못되어 작업 중에 고장이 나고, 이로 인하여 2시간의 작업 지연이 발생하였다고 하자. 작업을 못하고 쉬고 있었다 하더라도 인건비는 정상적으로 지급되어야 하므로 그 제품과 관련된 작업자 모두에게 2시간분의 인건비가 추가로 발생하는 것은 물론이고, 작업 지연에 따라 제품의 품질 저하라는 계산하기 어려운 손실도 발생하게 된다.

2) 원료 취급

모든 식품이 그렇듯이 마요네즈의 경우에도 좋은 원료를 올바르게 사용하여야 좋은 제품을 만들 수 있다. 이를 위해서는 원료의 구매와 입고검사 및 사용상의 주의가 필요하다. 또한 각 공정의 중간 생성물 및 최종 제품이 설계된 기준에 적합한지 확인하는 품질관리가 필요하다. 생산 공장에서 마요네즈를 제조할 때는 일반적으로 다음과 같은 사항을 고려하여야 한다.

식용유의 입고 시에는 온도, 산가, 이물질 등을 확인하여야 한다. 탱크로리로 공급되는 식용유는 하절기에 40℃ 정도까지 올라가는 경우가 있으며, 동절기에는 옥외 탱크에 보관중인 식용유가 10℃ 이하로 낮아지는 경우가 있다. 식용유는 유량계에 의해 투입되므로 온도를 15~20℃ 정도로 조정하여 비중을 일정하게 하여야 한다. 식용유의 온도를 15~20℃ 정도로 유지하는 것은 마요네즈의 점도 및 유화안정성 관리에 매우 중요한 요소이다.

난황의 경우는 계란을 구매하여 직접 할란(割卵)하여 사용할 수도 있으나, 대규모 공장이 아니라면 전문 난가공 공장으로부터 할란·살균된 액란(液卵)을 구입하여 사용하는 것이 합리적이다. 입고 시에는 미생물, 온도, RI 등을 확인한다. 미생물의 경우 결과가 나오기까지 24시간 이상의 시간이 필요하므로 입고검수 시에는 이취나 이물 등만 확인한다.

빛이 두 물질의 경계면을 지날 때, 빛의 진행방향이 바뀌는 현상을 굴절(屈折, refraction)이라고 한다. 흔히 사용하는 당도계(糖度計)는 물에 녹아 있는 설탕, 식염 등의 농도에 따라 굴절률(屈折率)이 달라지는 것을 응용한 것이다. 따라서 굴절률을 나타내는 RI(refractive index)를 농도와 같은 의미로 사용하기도 하며, 때로는 브릭스(Brix)라고도 한다.

할란기를 사용하여 분리한 난황의 경우 어쩔 수 없이 난백이 혼입될 수밖에 없다. 혼입은 할란기의 성능 때문에 발생하기도 하나, 난황막이 터져 난황과 난백이 분리되지 않은 경우에 전란으로 처리하지 않고 난황에 섞어버리기 때문에도 발생한다. 그 것은 난황이 난백보다 비싼 이유도 있으나, 난백에 섞으면 외관상 바로 표시가 나기 때문이기도 하다.

순수한 난황의 RI는 약 49이고 난백의 RI는 약 15이며, 난백이 많이 혼입된 난황일수록 RI가 낮아지게 된다. 마요네즈의 원료로는 가능한 한 난백이 덜 섞인 난황이 좋다. 난황의 RI는 최소 43(난백 혼입률 약 18%) 이상이어야 하고 가능하면 44(난백 혼입률 약 15%) 이상으로 하는 것이 바람직하다(구매 계약 시 입고 규격에 포함시키는 것이 좋다).

입고 후에는 10℃ 이하에서 냉장보관하며 1~2일 안에 사용하거나, 가염처리 또는 효소처리를 하여 냉동보관하고 필요할 때마다 꺼내어 사용한다. 미리 가염된 난황을 구입할 수도 있으나, 이 경우에는 난황액의 RI(난백 혼입률)를 확인할 수 없으므로 직접 가염하는 것이 바람직하다. 가염은 10%로 하는 것이 배합비를 계산하거나 관리하는 데 편리하다. 난황의 수급 불안 등 비상시에 대비하여 약 1주일 사용분은 항상 비축재고로 가지고 있어야 한다.

식초의 경우는 품명(양조식초, 사과식초 등)의 확인은 물론 산도(일반식초, 2배식초 등)를 정확히 확인한 후 사용하여야 한다. 업무용 18L 용기에 담긴 식초의 경우 법적 의무 표시사항만 적은 라벨을 붙였을 뿐이므로 가정용에 비해 디자인만으로는 쉽게 구분하기 어려운 경우가 있으므로 꼼꼼히 확인하여야 한다.

일반식초의 경우 총산도는 6~7%로 되어 있으며, 보통은 6.5%로 간주하고 배합하게 된다. 그러나 산도에 민감한 제품인 경우에는 입고검수 시에 산도를 확인하고 사용하여야 한다. 사용량이 많은 경우에는 특정한 산도(예: 10%)로 조정한 식초를 요구하여 구매할 수도 있다.

향신료, 효소 등 가격이 비싸고 소량을 사용하는 원료는 생산의 원료창고에 보관하기보다는 품질관리 부서나 별도의 전문 부서에 보관하는 것이 좋다. 생산계획이 잡히면 그에 해당하는 양을 당일 전달하도록 한다. 액상으로 된 향신료의 경우 현장에서 사용하기에는 불편하므로 식용유 등에 1/10로 희석하여 제공한다. 생산과 별도의 부서에서 보관하고 계량하는 것은 노하우(know-how) 보호 차원에서도 유리하다.

3) 생산 작업

공장의 경우 조미액을 만드는 것도 하나의 중요한 공정(工程)이 된다. 조미액 제조는 배합수, 식초, 난황, 식염, 설탕, 분말원료 등을 혼합하는 작업이며, 보통 1배치(batch) 분량이 아니라 5~6배치 분량을 한꺼번에 만들게 된다. 가염난황을 사용할 경우에는 생산 전날 냉동고에서 미리 꺼내어 해동하여야 한다.

난황의 함량이 충분한 배합비의 마요네즈는 조미액 제조 시 다른 원료들과 함께 식초를 혼합하여도 좋으나, 원가 절감을 위하여 난황의 사용량을 줄인 업무용 마요네즈 등의 경우에는 식용유 투입 후에 가장 마지막으로 식초를 별도로 투입하여야 안정된 마요네즈를 제조할 수 있다. 잔탄검 등의 검류는 바로 물에 넣으면 덩어리로 뭉쳐지면서 녹이기 어려우므로 식염 등의 분말원료와 잘 혼합하든가 소량의 식용유에 분산시켜서 넣는다.

조미액이 준비된 이후에나 배합이 가능하므로, 조미액을 준비하는 작업자는 항상 다른 작업자보다 약 1시간 먼저 출근하는 것이 생산성 향상에 도움이 된다(이 경우 법정 잔업시간을 고려하여 퇴근 시간을 조정하거나, 작업자를 교대로 근무하게 하는 등의 노무관리가 필요하다).

작업이 끝난 후에는 식염, 설탕 등이 잘 녹았는지 조미액 제조 탱크의 바닥을 긁어서 확인한 후에 조미액 보관 탱크로 넘겨야 한다. 설탕, 난황, 검류 등은 오래 방치하면 탱크나 배관의 벽에 달라붙어 씻기 어렵게 되고, 미생물이 증식할 우려도 있으므로 당일 예정된 작업량의 조미액 제조가 끝나면 즉시 세척하여야 한다.

식초가 포함된 조미액은 시간이 경과됨에 따라 유화안정성이 떨어지고 마요네즈의 점도도 낮아지게 되므로 최대 1시간 이내에 사용이 가능한 정도만 조미액 보관탱크에 보관하도록 한다. 식초가 포함되지 않은 조미액이라면 2~3시간 경과되어도 마요네즈의 유화안정성에 큰 영향은 없다.

조미액 보관 탱크에 있는 조미액의 품온(品溫)은 미생물 증식을 방지하기 위하여 항상 10℃ 이하로 유지하여야 하며, 조미액이 들어있는 동안 교반모터는 계속 가동되어야 한다. 다른 작업을 하는 중에도 수시로 온도 및 교반기 작동 여부를 확인하여야 한다. 조미액 제조 탱크와 마찬가지로 당일 마지막 조미액이 계량 탱크로 넘어가면 즉시 세척하여야 한다.

식용유는 중량(kg)이 아니라 부피(L)로 투입되므로 비중을 고려하여 환산하여야 한다. 대두유의 비중은 25℃일 경우 0.916~0.922 정도이며, 온도가 낮아질수록 비중이 커진다. 1배치당 1~2L 정도의 차이는 마요네즈 품질에 큰 영향을 못 주며, 유량계의 오차 및 온도의 편차 등을 고려하여 대두유의 비중을 항상 0.92로 계산하여도 무방하다. 소수점 이하는 반올림한다. 예로서, 배합비상 대두유가 270kg 필요하다면, 293L를 투입하여야 한다(270kg ÷ 0.92 = 293.478L ≒ 293L).

스파이스오일 등 소량 원료를 유화기 호퍼를 통하여 투입할 경우 매번 중량을 측정하는 것은 번거로우므로 눈금이 표시된 메스실린더로 계량하여 투입한다(눈금을 보고 투입하는 것은 실수를 할 수도 있으므로 규정량을 미리 메스실린더에 매직잉크나 색테이프 등으로 표시하여 두고 표시된 양만큼 투입한다). 이때 유리제 메스실린더는 깨질 우려가 있으므로 반드시 플라스틱제를 사용한다.

유화 작업 중에는 수시로 메인 조작판의 상태표시등을 주시하여 정상작동 여부를 확인하고, 진공도를 확인하여 규격을 벗어났을 경우에는 진공 스위치를 켜서 원하는 진공도에 맞추어 준다. 작업 종료 후에는 유화상태를 육안으로 확인하여야 한다. 식초가 투입된 상태에서는 시간이 경과될수록 점도가 떨어지며, 유화안정성도 나빠지므로 가능한 한 빨리 균질기로 보내야 한다. 작업 중 계량탱크 위에 스패너, 주걱 등 공구류를 올려놓거나 손 등으로 건드려서는 안 된다(특히, 조미액을 유화기로 투입 중에는 절대로 금지하여야 한다).

균질기의 회전수를 느리게 할수록 또는 균질기의 간격을 넓힐수록 점도가 떨어지며, 균질기의 회전수 변화보다는 간격의 변화에 의해 점도 및 유화안정성에 크게 영향을 준다. 작업 중 균질기의 과부하 여부, 마요네즈 누출 여부 등을 확인하여야 하며, 배치별로 외관, 풍미, 점도 등을 관능적으로 확인한다.

매일 첫 배합의 경우는 균질기를 가동하기 전에 전날 작업하고 배관에 남아있는 마요네즈가 모두 비워질 때까지 수동으로 이송펌프만을 가동시켜야 한다. 전날의 마요네즈가 배관에 남아있는 채로 균질기를 가동시키면 분리의 원인이 될 수 있다(유화기에서 예비 유화시킨 마요네즈는 배관에 남아있는 전날의 마요네즈에 비해 점도가 매우 낮아 이송펌프를 가동하여도 쉽게 밀어내지 못하며, 균질기에 남아있던 마요네즈는 정체되어 계속 갈리게 되어 분리된다).

그날의 첫 배합만큼은 아니나 점심시간 후나 휴게시간 후의 첫 번째 배합, 뒤 공정의 트러블로 인한 지체 등으로 정상적인 작업보다 배합 간격이 벌어진 경우에도 점도 등이 변할 수 있으므로 주의하여야 한다. 또한 매일 첫 번째, 두 번째 배합과 마지막 배합은 투입되는 조미액의 양이 정상적인 1배치분과 차이가 있으므로, 식용유 투입량을 조정할 필요가 있다.

첫 배합의 경우는 계량탱크와 유화기 사이의 배관이 비어있으므로 그만큼 조미액이 덜 들어가게 되므로 식용유의 투입량을 보정히여야 하며, 두 번째 배합의 경우에는 첫 번째 배합탱크로 들어가는 배관과 갈라지는 3방밸브 부분부터 유화기까지의 배관이 비어있어 그만큼 조미액이 덜 들어가게 되므로 식용유 투입량을 보정하여야 한다.

첫 번째와 두 번째 배합에서 비어있는 배관만큼 차이가 나는 투입량은 기계를 설치하고 시운전할 때 미리 확인한다. 또는 조미액의 비중과 이론적으로 계산된 빈 공간의 체적을 고려하여 구할 수도 있다. 그날의 마지막 배합의 경우는 남아 있는 조미액을 모두 유화기로 투입하고 투입된 총량을 감안하여 식용유 투입량을 보정하여야 한다.

예를 들어 정상적인 배합일 경우 식용유의 양이 267L이고 조미액의 양이 79.94kg이라면, 식용유 투입량 보정은 다음의 비례식에 의해 계산한다.

※ 79.94 : 267 = A(실제 투입된 조미액 kg) : χ(투입할 식용유 L)

χ = A × 267/79.94(= 3.34)

예) 조미액이 76kg 들어갔을 경우: χ = 76 × 3.34 = 253.84(⇒ 254L)

---

4) 난황의 효소 처리

난황을 효소로 처리하기 위해서는 탱크에 난황액을 넣고 교반하면서 10%의 정제염을 서서히 투입하며 녹인다. 여기서 10%는 난황에 대해 10%가 아니라, 완성된 가염난황 중의 10%란 의미이다. 즉, 난황액의 양이 600kg이었다면 투입하여야 할 식염의 양은 60kg이 아니라 67kg이 된다(난황액이 540kg이었다면 60kg의 식염을 투입하면 된다).

입고된 난황액의 온도는 5℃ 정도로 매우 낮으므로 온도를 올리는 데 시간이 많이 필요하다. 따라서 난황액을 넣은 후 바로 탱크로 온수를 공급하여 가열하면서 식염을 투입한다. 난황액이나 식염을 투입할 때는 원료를 포장하는 데 사용된 테이프, 고무밴드, 실밥 등이 혼입되지 않도록 주의한다.

가염난황의 온도가 40℃에 근접하면 효소를 투입하고, 콘트롤 패널에서 필요한 조건을 세팅한다. 효소의 역가(力價)는 시일 경과에 따라 감소하므로 입고 시나 사용 시에는 제조일로부터 얼마나 경과된 것인지 확인이 필요하다. 오래 경과된 것이라면 규정된 양보다 여유 있게 투입하여야 같은 효과를 볼 수 있다.

효소 처리가 잘되었는지 확인하는 방법은 맛을 비교하는 방법, 마요네즈를 제조하여 점도나 내열성을 비교하는 방법 등 여러 가지가 있을 수 있으나 가장 간단하며 객관적으로 확인하는 방법은 pH를 측정하는 것이다. 이는 레시틴이 효소의 작용에 의해 리소레시틴으로 변할 때 지방산이 분해되어 유리지방산이 발생하면서 pH에 변화가 생긴다는 것을 응용한 것이다.

40℃±1℃로 온도를 유지하며 일정 간격으로 샘플링하여 pH를 측정하고, pH의 변화가 없는 시점을 반응 종료로 판단한다. 실제 작업 시에는 매번 pH를 측정하는 대신 예비실험을 통하여 파악한 효소반응에 걸리는 시간에 1시간 정도 여유시간을 두어 반응 종료시점으로 관리하게 된다.

예비 실험은 수차례 시간의 경과에 따른 pH의 변화를 그래프로 표시하여 Data를 축적한다. Data가 축적되면 반응에 걸리는 시간 및 반응 종료 시의 pH를 파악할 수 있고, 효소 처리 작업이 끝난 후 pH만 측정하여도 정상적으로 리소레시틴으로 변하였는지 확인할 수 있다.

반응이 종료되면 살균 및 효소의 실활(失活)을 위해 60℃까지 가온한 후 바로 온수 공급을 중단하고 자연 냉각한다. 별도의 홀딩타임(holding time)은 설정하지 않고, 가열 및 냉각하는 데 걸리는 시간으로 대신한다. 냉각 후에는 충전하여 냉동보관(-15℃) 한다.

효소의 첨가량은 가염난황액의 270ppm 정도가 보통이다. 그러나 이 양은 정해진 것이 아니며, 해당 효소 처리 탱크의 성능(교반

능력, 온도 편차 등)에 맞추어 실험에 의해 최적의 양을 정해야 한다. 또한 양을 늘렸을 때 시간을 단축할 수 있는지도 검토하여야 한다.

5) 새니타이즈

생산 현장의 건물이나 설비의 위생 상태를 유지하기 위하여 새니타이즈(sanitize)를 실시한다. 새니타이즈는 단순히 눈에 보이는 것을 깨끗하게 하는 청소(淸掃)가 아니라 눈에 보이지 않는 미생물을 제거하는 살균(殺菌) 또는 제균(除菌)의 개념이 포함되어 있는 행위다.

새니타이즈는 공정별로 작업이 끝나면 다음 공정은 작업 중이더라도 지체 없이 시작되어야 하며, 세척하지 않은 상태로 장시간 방치하여서는 안 된다. 세척 및 열탕 살균을 위하여 세척 작업대 및 배관류 살균용 침지(浸漬)탱크의 제작이 필요하고, 스팀 공급을 위한 배관(스팀용 호스 포함)을 확보하여야 한다. 스팀을 직접 사용할 경우에는 화상에 주의하여야 한다.

평상시에는 조미액 제조탱크에서 유화기로 연결된 배관까지 조미액이 통과한 모든 배관 및 탱크류에 대해서 당일 작업이 끝나면 새니타이즈 하여야 한다. 세척 시간의 단축을 위하여 조미액 제조 탱크 및 부속 배관, 조미액 저장탱크 및 부속배관은 CIP(cleaning in place) 방식을 채택할 수도 있다. 이 경우 세척제는 일반 주방용 세제기 이닌 CIP 전용의 세제를 사용하여야 한다.

유화기에서 제품 충전용 배관까지 마요네즈가 통과한 모든 배관 및 탱크류는 매일 세척하지 않고 정기적 새니타이즈 때만 세척한다. 마요네즈가 차 있는 배관류나 탱크류는 마요네즈 자체의 항균력에 의해 미생물이 번식하기 어려우므로, 매일 작업하는 라인(line)이라면 굳이 새니타이즈가 필요 없다.

또한, 새니타이즈 후에 배관 등에 남아있는 세척수가 있으면 다음 날 작업에 지장을 주기 때문에 매일 새니타이즈 하는 것이 현실적으로 곤란하기도 하다. 그러나 당일 작업 후 2~3일 이상 해당 라인을 사용할 계획이 없다면 당연히 새니타이즈를 하여야 한다.

새니타이즈를 하지 않는다고 하여도 작업이 끝난 그대로 두는 것은 아니다. 손이 닿고 눈에 보이는 노출된 부분은 주걱 등으로 밀어낸 후 에틸알코올을 묻힌 마른 헝겊으로 닦아주며, 조미액 제조 시 분말원료가 날려 탱크류의 덮개 등에 먼지처럼 내려앉은 부분도 에틸알코올을 묻힌 마른 헝겊으로 닦아준다. 탱크류는 반드시 덮개를 하고, 배관을 분해하여 공기 중에 노출되어 있는 부분은 비닐과 고무밴드 등으로 막아둔다(전용의 마개를 제작하여 사용하는 것이 바람직하다).

마요네즈가 미생물에 어느 정도 안전성이 있다하여도 모든 미생물에 대한 안전성이 확보된 것은 아니므로 정기적인 새니타이즈를 실시하여야 한다. 새니타이즈 주기는 동절기에는 4주에 1회, 봄가을로는 3주에 1회, 하절기에는 2주에 1회 정도가 일반적이다.

새니타이즈 날에는 마요네즈 생산 작업은 없이 하루 종일 새니타이즈만 한다. 이때는 평소에 CIP 세척으로 끝내던 부분도 분해하여 세척하도록 한다. 세척이 끝난 후에는 90℃ 이상의 열탕에 30분 이상 살균한다(배관, 밸브, 펌프의 부품 등은 열탕이 담긴 살균탱크에 담그고, 탱크류는 탱크에 열탕을 채우고 덮개를 하여 둔다). 고열로 처리하면 변형이나 고장의 우려가 있어 열탕 살균이 불가능한 부품류 등은 에틸알코올을 분무하여 살균한다. 에틸알코올은 농도 70~80% 정도일 때 가장 살균력이 강하며, 살균용으로 제품화되어 판매되고 있다.

열탕으로 살균한 후에는 열탕을 배출하고, 잔열(殘熱)에 의해 건조되기를 기다린다. 물기가 완전히 제거된 것을 확인하고 원래대로 결합하여 다음날 바로 생산할 수 있도록 한다(특히 계량탱크의 배관을 결합할 때는 배관이 탱크 덮개에 뚫린 구멍과 접촉하지 않았는지 확인한다. 덮개와 접촉되어 있으면 계량오차의 원인이 된다).

탱크류와 같이 작업자가 내부로 들어가 직접 세척하는 경우에는 안전사고에 주의하여야 한다. 교반 모터의 전원 스위치는 반드시 꺼두고, 내부에 사람이 있다는 팻말을 걸어두어야 한다. 실제로 과거 어떤 공장에서 내부에 사람이 있는 것을 모르고 모터 스위치를 켜서 중대한 사고가 발생하기도 하였다.

6) 품질관리

마요네즈가 상품으로서 경쟁력을 가지려면 맛이나 가격 등의 요인 외에도 안정되고 일정한 품질이 유지되어야 소비자들이 믿고 안심할 수 있다. 품질관리의 핵심은 안전하고 규격에 적합한 마요네즈를 생산하는 것이다. 품질관리는 생산과 독립된 부서를 두는 것이 보통이며, 별도의 부서가 있더라도 생산 자체 품질관리 담당자를 두는 것이 좋다.

품질관리 담당자는 정해진 기준에 의해 샘플링하여 외관, 풍미, 점도, 산도, 염도, 미생물 등을 확인하여야 한다. 샘플링 검사나 현장 작업에서 이상을 발견하였을 경우에는 즉시 보고하여 조치를

취할 수 있도록 한다. 생산 현장에서는 실수에 대한 책임추궁이 두려워 사고를 은폐하려는 경향이 있으며, 이는 최대한 경계하여야 한다.

제품의 샘플링 검사에서 통상적인 범위를 넘어선 미생물이 발생하였을 경우는 출고 중지 또는 폐기하고 사용 원료, 새니타이즈 등에 문제가 없었는지 확인한다. 지속적으로 문제가 발생할 경우에는 공정별로 공정 통과 전후의 미생물 수준을 조사하여 문제가 발견된 공정의 설비에 대해 평상시 분해하지 않던 부품까지 분해하여 균소(菌巢) 형성 유무를 확인한다.

마요네즈를 포장재에 충전 시 발생한 빈 공간에 조미액이 누출되는 경우가 있다. 소량의 조미액이 누출되어도 실제 사용에는 아무 문제가 없고, 더 이상 분리가 진행되지도 않는다. 불투명 재질의 포장재라면 눈에 보이지 않으므로 상관없으나 투명 재질의 포장재라면 소비자 클레임의 원인이 될 수도 있다. 주로 병 마요네즈에서 문제가 되며, 튜브 마요네즈의 경우는 소량의 조미액 누출은 진열 시 손으로 용기를 주물러서 없앨 수 있다.

조미액 누출은 유화상태와도 관련이 있다. 마요네즈 제조 시 어떤 원인에 의해 예비유화가 이루어진 이후 바로 균질기로 이송되지 못하고 장시간 정체하게 되면 유화안정성이 떨어져 조미액이 누출되기 쉽다. 경험상 식초까지 투입된 상태라면 60분 이상 정체하면 매우 위험하고, 식용유까지는 투입되었으나 아직 식초는 투입되기 전이라면 3시간 이내에서는 안정하였다.

같은 함량의 난황을 사용한 마요네즈라면 냉동 보관하여 난황에 동결변성을 준 경우 조미액 누출 현상이 감소한다. 동결변성의 효과를 얻기 위해서는 3개월 이상 냉동 보관할 필요가 있다. 가염 난황이라도 -25℃에서 4개월 이상 저장할 경우 동결변성에 의한 과도한 점도 상승으로 인하여 사용하기에 부적합하며, -25℃ 이하의 냉동고에서 급격히 온도를 떨어트린 후 -15℃ 정도의 냉동고로 이동시켜 저장하는 것이 좋다.

충전 당시는 매끄럽던 포장재와 마요네즈의 경계면에 기포가 발생하여 곰보와 같은 외관을 나타내거나 그 부분에 조미액이 고이는 경우도 있다. 기포 발생은 유화 시의 진공도와 관련이 있다. 무진공 상태에서 유화시키거나 진공도 50㎝Hg 이상에서 유화시킨 경우에는 이런 현상이 관찰되지 않았으나, 10~30㎝Hg 정도의 저진공 상태에서 유화시킨 마요네즈에서는 발생할 수도 있다. 기포가 발생한 경우는 30℃ 정도 되는 곳에 하룻밤 보관하면 사라지기도 한다.

21

마요네즈
연구개발

21

마요네즈 연구개발

마요네즈의 연구개발은 그 범위와 목적이 다양하기 때문에 정해진 답은 없으며, 주어진 과제에 맞추어 해답을 찾아가는 수밖에 없다. 개발과제 중에서 가장 많은 것은 역시 맛을 결정하는 것이다. 목표로 하는 맛을 찾기 위해서는 마요네즈에 들어가는 각 원료의 적절한 배합을 알아내야만 한다. 기본적인 계획이 세워지더라도 실제로는 수없이 많은 시행착오를 겪을 수밖에 없다.

그러나 모든 배합을 실제로 만들어보는 것은 매우 번거롭고 시간이 오래 걸리는 일이다. 이때 시행착오를 줄이고 시간을 단축하는 방법이 있다. 우선 기본적인 배합으로 만든 마요네즈를 만들어 두고 소량씩(예; 100g) 비커(beaker)에 덜어내어 변화를 주고자 하는 원료만 조금씩 늘려가며 첨가하여 원하는 맛을 찾아가는 것이 요령이다.

원하는 맛을 찾으면 배합비를 100%에 맞추어 다시 계산하고, 실제로 만들어 확인하는 것은 필수이다. 일반적으로는 추가된 원료의 함량만큼 정제수를 줄여서 100%를 맞추게 되며, 때로는 상대적으로 비율이 줄어들게 된 식염, 설탕 등 맛에 영향을 주는 원료의 함량(%)을 조정할 필요가 있다.

마요네즈의 경우 미량으로 사용하는 향은 제품의 풍미에 큰 역할을 한다. 어떤 향을 얼마만큼 사용하느냐는 각 제품의 노하우(know-how)에 해당하는 사항이며, 정해진 기준 같은 것은 없다. 각 제품의 콘셉트에 따라 사과향, 딸기향, 레몬향, 버터향, 바닐라향 등 자유롭게 사용할 수 있다.

다만 '사과맛 마요네즈'처럼 특정한 향을 강조하여 제품의 이름에 반영할 경우가 아니라면, 향의 사용량은 어떤 향(맛)이 느껴진다고 알아차릴 수준 이하여야 한다. 즉, 향을 사용하기 전보다 풍미가 좋다고 느껴지기는 하나 어떤 향을 사용하였는지는 알 수 없는 정도가 가장 적절한 사용량이다.

또한 맛에 대한 민감도는 소비자에 따라 다르므로 마요네즈를 개발할 때는 극단으로 치우친 소비자의 성향은 무시하고 보편적인 소비자의 기호에 맞출 수밖에 없다. 그 결과 정상적인 제품임에도 "맛이 이상하다"라는 클레임이 접수되는 경우가 종종 발생하기도 한다.

마요네즈라는 상품에 대한 소비자의 기대 수준은 일정하지 않으며, 고정되어 있는 것이 아니라 유행에 따라 항상 변한다. 따라서 연구원은 항상 소비자의 소리에 귀를 기울여 제품을 개선하려고 노력해야 한다. 마요네즈의 배합비는 그 제품의 용도 및 마케팅 전략에 따라 결정하게 되며, 배합비를 검토할 때는 일반적으로 다음과 같은 특성을 참고하는 것이 좋다.

- 식용유 함량이 많을수록 점도가 높고, 고소한 맛이 강해진다.
- 난황의 함량이 많을수록 유화안정성이 높고, 점도가 높아지며, 고소한 맛이 강해지나 원료 원가는 상승하게 된다.
- 식초의 함량이 적을수록 고소한 맛이 강해지나, 미생물적으로는 불안한 상태로 된다.
- 난백이 많이 포함된 마요네즈는 보형성(保形性)이 좋고, 제빵용 마요네즈 등에 적용할 수 있다.
- 검류를 사용한 마요네즈는 부착성(附着性)이 좋고, 샐러드의 야채류에서 배어나오는 수분을 잡아주며, 내한성(耐寒性) 향상에도 어느 정도 효과가 있다.

마요네즈는 배합비뿐만 아니라 제조 조건에 따라서도 물성(物性)에 차이가 나타나며, 각 회사 제조 설비의 특징에 의해 어느 정도 결정된다. 제조 조건에 따른 일반적인 특성은 다음과 같다.

- 진공 조건에서 만든 마요네즈보다 무진공 상태에서 만든 마요네즈가 입에서 부드럽게 퍼지는 감촉이 좋다(아이스크림과 같은 느낌).
- 진공 조건에서 만든 마요네즈는 표면이 매끄럽고 윤택이 있으며, 무진공 상태에서 만든 마요네즈의 표면은 거칠다.
- 균질기의 회전속도가 빠를수록, 간격이 좁을수록 점도가 높은 마요네즈가 되며, 회전수 변화보다는 간격의 변화가 점도 및 유화안정성에 미치는 영향이 크다. 단, 일정 수준 이상이 되면 오히려 유화가 깨지게 되므로 주의가 필요하다.

마요네즈 배합 실험은 처음부터 생산현장의 기계로 할 수는 없으며, 실험테이블 위에서 소량으로 만들어보게 된다. 그런데 500g 정도의 소량 샘플에서 얻은 결과를 바로 생산현장에 적용할 수는 없으며, 보통은 10kg 정도를 생산할 수 있는 현장설비와 유사한 소형 설비(pilot plant)에서 테스트한 결과를 가지고 현장에 적용하게 된다.

500g 정도로 실험테이블 위에서 만든 것을 10kg 정도의 소형 설

비에서 만들어 보고, 다시 현장의 대형 제조설비에 적용하는 것을 스케일업(scale up)이라고 부르며, 이것이 일반적인 마요네즈 개발 순서다. 보통 500g 정도 만드는 소량 샘플은 주로 맛 위주로 배합비를 정할 때의 테스트에 이용되며, 파일럿플랜트에서 만드는 것은 개발의 완성단계에서 물성을 확인하거나 시식, 보존시험 등으로 샘플의 양이 많이 필요할 때다.

스케일업의 최종적인 단계는 생산현장에서의 시험생산이다. 같은 배합비의 제품에 대해 공정개선을 위한 시험생산이라면 결과가 만족스러울 경우 정상제품으로 출고할 수도 있으나, 대부분의 경우는 배합비가 다른 것에 대한 테스트이기 때문에 생산된 제품을 판매할 수는 없다. 따라서 생산하는 양은 가능한 한 최소화하면서도 시험 목적을 달성하여야 한다.

이를 위해서는 사전에 계획을 충실히 하여 공정별 소요시간, 설비의 세팅 조건, 품온(品溫), 점도, 수율 등 필요한 Data를 확보하여야 한다. 시험생산에는 생산현장의 작업자를 제외하고도 테스트를 주관하는 연구원과 Data를 기록하는 보조연구원이 2인 1조가 되어 참여하는 것이 바람직하다.

또한 시험생산에서는 관능검사, 품질검사, 보존시험 등에 필요한 샘플을 충분히 확보하여 시제품이 개발 시 목표로 한 품질을 만족하는지 확인하여야 한다. 그리고 시험생산이 끝난 후에는 제조공정에서 문제점은 없었는지, 문제점이 있었다면 그 해결 방법은 있는지 등에 대하여 실무 경험이 많은 현장의 작업자와 협의하는 것이 반드시 필요하다.

실험실에서 마요네즈를 만들 때는 항상 현장의 조건을 고려하면서 실험실 시작품(試作品)과 현장 생산 제품의 차이를 극복하려는 노력이 필요하다. 실험실의 설비와 현장의 설비는 단순히 크기의 차이뿐만 아니라 교반날개 등 구조의 차이가 있고, 교반속도도 다르며, 원료가 투입되는 데 걸리는 시간도 다르다.

이를 극복하기 위해서는 경험의 축적도 필요하지만, 같은 배합비일 경우 시작품의 점도, 외관, 맛 등과 현장 제품에서의 점도, 외관, 맛 등의 상관관계에 대한 자료를 가지고 있어야 한다. 또한 시작품을 만들 때는 항상 일정한 배합시간, 배합순서, 배합방법을 유지하는 것이 필요하다.

이에 못지않게 중요한 것은 시작품을 만들 때 계량오차를 최소화하는 방법을 고려하여야 한다는 점이다. 실험실에서의 사소한 계량오차가 현장 생산 제품에서는 배합비에 영향을 줄 정도로 커질 수가 있다. 예를 들면, 식용유를 계량한 용기를 고무주걱 등으로 아무리 깨끗이 긁어도 잔량이 남게 되며, 이는 원래 계획하였던 배합비와 오차로 작용한다.

예로서, 식용유 80%의 배합이라면 500g 제조 시 400g이 필요하게 되며, 용기나 주걱에 남는 식용유 양이 4g이라면 1%의 계량오차가 발생하게 된다. 이를 방지하기 위해서는 용기에 미리 적당량의 식용유를 담아 고무주걱으로 깨끗이 비운 후에 씻지 말고 그 용기에 원하는 양을 계량하여 사용하면 된다.

또한 향신료 등과 같은 소량원료의 경우 배합비 상 0.025%일 경우 샘플로 300g이나 500g을 만들면 0.075g 및 0.125g을 계량하여야 되지만 400g을 만들면 0.1g이 되어 계량오차를 줄일 수 있다. 또한 0.075g이나 0.125g을 계량하려면 0.001g까지 계량할 수 있는 정밀저울이 필요하지만 0.1g을 계량하는 것은 실험실에서 통상적으로 사용하는 전자저울로도 가능하다.

그리고 배합비를 최종적으로 결정할 때는 생산현장의 계량능력을 고려하여야 한다. 예로서, 현장의 1배치(batch) 작업량이 100kg이고, 현장 저울이 100g까지만 계량이 가능하다고 하면, 0.1%가 배합비의 한계가 된다. 만일 어떤 원료의 배합을 0.125%라고 정하여 생산현장에 통보한다면, 현장 작업자는 0.1%만 계량하여 투입하게 될 것이고, 이는 개발자가 의도하였던 제품과는 다를 것이다.

향신료 등과 같이 소량만 사용하는 원료라면 어쩔 수 없이 0.125%로 정해야 할 경우도 있다. 이런 경우는 식용유, 정제수 또는 설탕이나 식염 등 다량으로 사용하는 원료로 미리 희석하여 현장에서 계량이 가능하도록 중간원료를 별도로 만들거나, 아니면 아예 연구소나 품질관리 등 별도의 부서에서 1배치 분량씩 계량한 것을 공급하여야 한다.

마요네즈가 상품으로서 경쟁력을 가지려면 맛이나 품질이 좋은 것만으로는 부족하고, 가격적으로도 매력이 있어야 한다. 따라서 연구개발 업무에서 원가절감은 중요한 부분을 차지한다. 이것은 제품을 개발할 때뿐만 아니라 기존 제품에도 적용된다.

마요네즈를 포함하여 일반적인 식품의 원가를 구성하는 요소는 일반관리비, 제조경비, 인건비, 원부자재비 등이 있다. 연구원은 연구개발의 결과로서 제품의 배합비(사용 원료 및 비율), 포장재(재질 및 규격), 제조공정(작업 순서 및 관리 기준) 등을 결정하게 되어 원가에 영향을 주게 된다.

이 중에서도 가장 원가에 영향을 주며, 직접적인 것은 배합비를 결정하는 것이다. 마요네즈의 경우 원가에 큰 영향을 주는 원료는 난황과 식용유다. 난황은 비교적 단가가 비싸고, 식용유는 사용량이 가장 많은 특징이 있다. 향신료, 효소, 검류 등은 고가인 경우가 많으나 사용량이 매우 적고, 식초를 비롯하여 식염, 설탕 등의 조미료는 제품의 특성에 따라 사용량이 어느 정도 정해져서 변화의 여지가 적다.

원가를 절감하려면 난황의 양을 줄이는 것이 가장 효과적이다. 그러나 일정한 한도 이상으로 줄이면 유화안정성에 문제가 발생하게 되므로 주의하여야 한다. 식용유는 마요네즈 전체 원료 중에서 70~80%를 차지하므로 1~2% 변화를 주어도 맛이나 물성에서 큰 변화가 나타나지 않는다.

원가 절감을 위하여 배합비를 조정할 때 주의할 사항은 항상 원래의 제품(A)과 비교하여야 한다는 것이다. 예를 들어 원가를 절감한 개선 제품(B)과 A제품 사이에는 유의적인 품질 차이가 없고, B제품을 다시 원가 절감한 개선 제품(C)과 B제품 사이에도 유의적인 품질 차이가 없을 수 있다. 그러나 A제품과 C제품 사이에는 유의적인 품질 차이가 있을 수 있다. 따라서 C제품으로 배합비를 변경하는 것은 원래의 품질에 변화를 주는 것이므로 신중하여야 한다.

포장재의 경우도 원가에 직접적인 영향을 주기는 하나, 포장재의 재질이나 규격(특히 두께)은 마요네즈의 유통기한과 밀접한 관련이 있어 원료보다는 변화를 주기가 쉽지 않다. 그러나 재질이나 규격은 그대로 두고 거래처를 변경하여 단가를 낮출 수는 있다. 이것은 원료에도 해당되는 사항이며, 구매부서와 긴밀한 협조가 필요한 부분이다.

제조공정은 단순하고 작업인원이 적게 투입될수록 생산성이 증가하고 원가가 낮아지게 된다. 나는 1980년대 중반에 약 2년 동안 마요네즈 생산부서에서 중간관리자로 근무한 경험이 있다. 당시 오뚜기에서는 원료 계란을 구입하여 자체적으로 할란기를 이용하여 액란(液卵)을 준비하였으며, 당시 생산되던 '후레시마요네스'와 '골드마요네스'는 액란의 조성이 달랐다.

두 마요네즈의 액란 조성이 달랐기 때문에 액란 저장탱크가 2대가 필요하였으며, 작업계획을 세울 때도 이를 반영하여야 했고, 특수한 사정이 발생하여 작업계획을 변경하고자 할 때도 많은 애로사항이 있었다. 현장 작업자의 입장에서도 두 개의 액란을 별도로 관리하여야 하는 수고스러움이 있었다.

회사의 인사발령에 의해 다시 연구원으로 복귀한 후에 나의 첫 번째 연구과제는 '후레시마요네스'와 '골드마요네스'의 액란을 통일하는 것이었다. 이는 내가 생산 현장을 경험하지 않았으면 생각할 수 없는 것이었으며, 액란을 통일함으로써 생산 공정을 단순화할 수 있었고, 작업 관리상의 애로사항을 해결할 수 있었다.

22

정확한 의사소통의 필요성

22

정확한 의사소통의 필요성

같은 단어를 사용해도 경험이나 관심분야에 따라 전혀 다른 의미로 사용하는 경우가 있다. 실례로, 마케팅의 주관으로 연구, 생산, 영업 등 관련부서의 담당자들이 모여 마요네즈 신제품 출고 스케줄에 관한 회의를 하였다. 그 일정 중에 연구소에서 영업부서로 제품의 규격을 통보해 주는 것도 포함되어 있었다.

약속된 일정대로 규격을 통보해 주었는데 영업 담당자로부터 이것은 원하는 규격이 아니라는 연락이 왔다. 회의에서 함께 '규격(規格)'이라는 단어를 사용하였으나 연구원과 영업사원이 생각하는 규격이 서로 달랐기 때문에 발생한 일이었다. 연구원이 생각하는 규격은 미생물 수준, 산도(酸度), 염도(鹽度), 점도(粘度) 등이고,

영업사원이 생각하는 규격은 박스의 사이즈(가로, 세로, 높이), 중량, 박스당 들어있는 제품 수 등이었던 것이다.

이와 같은 혼동은 우리의 일상생활에서도 흔히 발생한다. 고등학교 동창생 셋이서 오랜만에 만나 대화를 나누었다. 처음에는 안부를 묻고, 학창 시절의 추억을 이야기하다 각자의 회사 이야기로 화제가 옮겨갔다. 공통된 주제로 '원유'라는 단어가 나왔는데 잠시 이야기하던 셋은 무언가 이상하다는 생각을 하게 되었다. 그 이유는 각자가 말하는 원유가 서로 다른 것이었기 때문이었다.

유업회사(乳業會社)에 다니는 친구가 말하는 것은 원유(原乳)로서 가공처리 되지 않은 젖소에서 짜낸 생우유였다. 정유회사에 다니는 친구는 정제되지 않은 상태의 석유를 의미하는 원유(原油)를 말한 것이었고, 식품회사에 다니는 친구가 말한 것도 원유(原油)였으나, 이것은 정제되지 않은 상태의 식용유를 의미하였다.

이런 생각의 차이는 큰 오해를 불러와 심각한 문제를 일으키기도 한다. 1989년에 발생하여 엄청난 사회적 파장을 일으켰던 '우지사건(牛脂事件)'도 이런 오해가 불러온 것이었다. 당시 검찰은 "비누나 윤활유를 만들 때 사용되는 공업용 우지를 사용하였다"라고 발표하였으며, 이는 석유로 만드는 윤활유와 식용유인 우지를 구분하지 못한 오해에서 비롯된 것이었다.

연구소로 접수되는 소비자 클레임 중에도 정확한 의미가 제대로 전달되지 않는 경우가 많다. 소비자들은 일상적인 언어로 불만을 표현하며, 연구원은 그것을 과학적인 언어로 번역하여 들어야 한다. 번역이 안 되면 대책을 세울 수 없으며, 번역이 잘못되면 엉뚱한 대책을 내놓게 되므로 확실하지 않은 경우에는 좀 더 구체적으로 물어보거나 실물을 확인하여야 한다.

"맛이 이상하다"라는 클레임이 있을 경우, 이것만 가지고는 아무런 판단도 대책도 세울 수 없다. 만일 "찐내가 난다", "약품 냄새가 난다" 등의 표현이라면 식용유의 산패일 가능성이 높으며, 원료 식용유의 품질, 제조공정, 포장 재질, 유통조건 등을 검토하여 보아야 한다.

인쇄된 비닐 봉지에 담긴 제품에서 "약품 냄새가 난다", "석유 냄새가 난다" 등의 클레임이 있다면 인쇄잉크의 용매를 충분히 증발시키지 않았을 가능성도 검토해야 한다. 실제로 과거 오뚜기라면의 라면에서 이런 사례가 있었으며, 엠디에스코리아의 샐러드 제품에서도 유사한 사례가 있었다.

"짜다" 또는 "싱겁다"라고 하면 식염의 배합오류일 가능성이 있고, "쉰내가 난다" 또는 "시다"라고 하면 식초의 배합오류일 가능성이 크며, 드물게는 유산균이 증식한 결과일 수도 있다. 지속적으로 "짜다" 또는 "시다" 등의 클레임이 발생하면 배합비를 재검토하여야 한다.

"외관이 이상하다"라는 클레임도 다양한 원인이 있으므로 구체적으로 확인해 보아야 한다. "잘 버무려지지 않는다"라고 하면 비정상적으로 점도가 높을 가능성이 있다. "색이 어둡다"라고 하면 높은 온도에서 보관·유통되어 경화(硬化) 현상이 나타난 것을 의심하여 한다. "분리되었다", "기름이 뭉쳐 있다", "마요네즈가 흐른다" 등의 반응은 냉동보관에 의한 물성 변화일 가능성이 높다.

"몽글몽글하다" 또는 "순두부 같다" 등의 표현이라면 유화시킬 때 진공도 조절에 실패한 배합사고일 가능성이 크다. 때로는 점도가 높아 샐러드를 만들 때 잘 버무려지지 않는 것을 "몽글몽글하다"고 표현하는 소비자도 있으므로 정확하게 확인하여야 한다.

"샐러드에 물이 생겼다"라는 클레임도 서로 다른 두 가지 현상을 표현하는 말이다. 하나는 실제로 맑은 물이 그릇에 고이는 경우이고, 다른 하나는 마요네즈가 우유처럼 흐르는 경우이다. 앞의 경우라면 점도가 너무 높았을 가능성이 있으므로 점도를 낮추거나 수분을 잘 흡수하는 검류와 같은 증점제를 첨가할 수도 있다. 뒤의 경우는 무진공이나 저진공으로 제조한 마요네즈에서 점도가 낮을 경우 발생하기 쉽다.

그런데 샐러드에 물이 생기는 현상은 자연스러운 것이다. 샐러드를 만들어서 시간이 경과하면 삼투압(滲透壓) 현상에 의해 야채나 과일 중에 있던 수분이 마요네즈로 빠져나오게 된다. 어느 수

준까지는 마요네즈가 흡수하여 외관상 변화가 없으나, 그 한도를 지나면 마요네즈 밖으로 물이 배출되거나 점도가 낮아져 마요네즈 자체가 흐르게 된다. 이런 변화는 보통 3~4시간이 필요하며, 샐러드를 이렇게 긴 시간 방치하는 것은 식중독의 위험도 있으므로 피해야 된다. 만일 단시간에 이런 변화가 일어났다면 제품의 개선이 필요한 경우다.

23

특별한
마요네즈

23

특별한 마요네즈

일반적인 마요네즈와는 달리 특별한 용도로 사용되는 마요네즈는 그에 맞게 사용 원료 및 배합비에서 배려를 해주어야 한다. 마요네즈에서 특별한 용도로는 업무용, 업소용, 내한성, 내동성, 내열성, 조리빵용, 저칼로리, 식물성 등이 있다.

① 업무용(業務用) 마요네즈

일반 소비자용 마요네즈가 아니라 주로 다른 회사의 원료로 사용되거나 단체급식소나 식당 등에서 대량으로 소비되는 마요네즈를 통상적으로 '업무용 마요네즈'라고 부른다. 업무용 마요네즈는 일반적으로 포장단위가 크며, 가격이 저렴하다는 특징이 있다. 그러나 1인용의 소포장처럼 일반 마요네즈에 비해 포장단위가 작은 경우도 있다.

내동성, 내열성, 소리빵용 마요네즈 등도 업무용 마요네즈의 일종이지만 보통 업무용 마요네즈라고 할 때는 이런 특별한 목적을 위한 마요네즈는 제외한다. 이런 마요네즈들은 일반 마요네즈보다 비쌀 수도 있다. 그리고 1인용의 소포장 마요네즈는 마요네즈 자체보다도 포장재의 가격이 원가에서 차지하는 비중이 커져 마요네즈 g당 가격으로 환산하면 일반 마요네즈에 비해 비쌀 수도 있다.

업무용 마요네즈는 가격을 낮추기 위해서 난황, 식용유 등의 함량을 낮추고 전분을 사용하여 점도를 맞추게 된다. 이런 배합비로는 일반 마요네즈보다 맛이 부족하게 되므로 여러 가지 조미료, 향신료 등으로 보강하게 된다. 이때 사용되는 전분은 주로 변성전분이 사용된다. 때로는 가열하여 호화시키는 공정을 생략하기 위하여 호화전분(α화전분)을 사용하기도 한다.

업무용 마요네즈는 일반 마요네즈에 비해 소비되는 시간이 짧으므로 유통기한을 길게 할 필요가 없다. 따라서 일반 마요네즈와 같은 배합비로 만들고 포장재만 다르게 하여 가격을 낮추기도 한다. 이렇게 하여 가격을 낮춘 대표적인 업무용 마요네즈가 1kg 비닐 봉지나 3.2kg 플라스틱 용기에 포장된 마요네즈다.

이뿐만 아니라 배합비를 같게 하면 두 종류의 마요네즈를 생산하는 데 따르는 생산계획 수립 등 관리의 부담을 줄일 수 있다. 또한 제조 라인의 교차 사용에 따른 혼입 방지를 위한 청소나 라인 교체에 따른 시간의 손실 등을 줄일 수 있어 부수적인 원가절감 효과도 있다.

② 업소용(業所用) 마요네즈

업무용 마요네즈 중에서 범용(汎用)으로 사용되는 것이 아니라 특정한 제품이나 업체에서만 사용될 목적으로 제조되는 것을 '업소용 마요네즈'라고 구분하여 부르기도 한다. 마요네즈 제조 공장에서 자체 원료로 사용하기 위해 제조하는 것도 업소용 마요네즈의 일종이라 할 수 있다.

업소용 마요네즈의 경우는 보통 거래선(구매자)에서 맛, 색상, 물리적으로 요구되는 특성, 가격 등에 대한 제품의 콘셉트(concept)을 제시하게 되며, 그에 맞추어 개발하면 된다. 개발의 마지막 단계인 관능평가의 경우에서도 일반적인 마요네즈와는 달리 거래선의 평가가 유일하고 최종적인 판단이 된다.

③ 내한성(耐寒性) 마요네즈

마요네즈는 0℃ 이하에서는 분리되며, 우리나라의 겨울철 기후는 0℃ 이하가 되기 때문에 보관·유통 중에 분리되어 상품성이 없어지게 되는 일이 발생한다. 이를 방지하기 위해서 내한성이 강한 마요네즈를 제조하기도 한다. 마요네즈의 동결분리는 주로 식용유에 기인하는 것이므로 저온에 강한 카놀라유나 추운 지방에서 재배되는 고리놀레산 해바라기유를 30~60% 정도 대두유와 섞어서 사용하면 마요네즈의 내한성이 향상된다.

-10℃~-20℃ 정도의 저온에서 대두유만 사용한 일반 마요네즈는 하룻밤(12시간 이내) 사이에도 분리가 일어나지만 카놀라유나 고리놀레산 해바라기유를 혼용한 마요네즈는 1~2일까지도 분리가 발생하지 않는다. 이는 부주의로 인한 보관·유동 중의 분리를 예방할 수 있는 유용한 수단이 될 수 있다.

그러나 현실적으로는 동절기에도 대두유만 100% 사용하는 것이 일반적이다. 그 이유는 동결 분리로 인한 손실 비용보다 대두유와 다른 식용유의 가격 차이에 따른 원가 상승이 크기 때문이다. 이제는 마요네즈가 0℃ 이하에서는 분리된다는 사실을 일반인은 모를 수도 있으나 유통업계에서는 잘 알고 있기 때문에 저장·유통 중에 분리되는 사례가 감소한 영향도 있다.

식용유 외에도 난황의 함량을 높이면 유화력이 증가하여 내한성도 향상되며, 같은 양의 난황이라면 효소처리 난황의 비율이 증가할수록 내한성이 증가한다. 단, 난황이 증가하는 만큼 원료원가는 상승하게 되며, 일반 난황보다는 효소처리 난황의 가격이 비싸므로 경제적인 고려를 하여야 한다. 잔탄검, 전분 등 증점제를 사용하여도 내한성은 향상된다.

④ 내동성(耐冷性) 마요네즈

마요네즈를 냉동제품에 적용하기 위해서는 동결하여도 분리되지 않는 마요네즈가 필요하게 된다. 이때는 난황 대신 유화력이 더욱 강한 카제인나트륨(sodium caseinate)을 유화제로 사용하고, 전분페이스트(전분풀)를 사용하는 배합으로 검토하면 냉동저장하여도 3~6개월 분리되지 않는 마요네즈를 만들 수 있다.

내동성 마요네즈에서 난황을 넣는 이유는 유화를 위한 것이 아니고 맛을 보강하기 위한 것이다. 또한 제품명에 '마요네즈'라는 용어를 사용하기 위해서는 〈식품공전〉에서 정의한 "식용유지와 난황 또는 전란, 식초 또는 과즙을 주원료로 사용"한다는 전제조건을 충족시키기 위해서도 난황을 넣을 필요성이 있다.

기본적인 배합은 전분풀 55~60%, 유화액 40~45%를 별도로 준비하여 혼합하게 된다. 전분풀에는 전분을 비롯하여 식염, 설탕, 식초, 향신료, 물 등이 들어가며, 전분과 함께 잔탄검을 사용할 수도 있다. 유화액에는 식용유 약 50%(전체 배합 기준으로는 약 30%), 카제인나트륨 4.5~4.7%(전체 배합 기준으로는 약 2%)를 비롯하여 식염,

설탕, 난황, 물 등이 들어간다.

유화액 제조 시 난황은 카제인나트륨으로 유화가 끝난 후에 마지막으로 첨가하여야 한다. 함께 넣고 유화시키면 난황으로 둘러싸인 식용유 입자와 카제인나트륨으로 둘러싸인 식용유 입자가 공존하게 되고, 동결시킬 경우 난황으로 둘러싸인 식용유 입자로부터 분리가 발생할 수 있기 때문이다.

⑤ 내열성(耐熱性) 마요네즈

마요네즈는 난황이 굳는 온도인 70℃ 이상으로 가열하면 분리되는 것이 일반적이다. 그러나 특별히 70℃ 이상의 온도에서도 견딜 수 있는 내열성이 요구되는 경우도 있다. 시중에 판매되고 있는 냉장샐러드는 1개월 이상의 유통기한을 가지고 있으며, 이는 65℃~90℃에서 40분 이상 살균하기 때문에 가능한 것이다.

일반 마요네즈로는 이런 가열조건에서는 분리될 수밖에 없으며, 반드시 효소처리 난황을 사용하여야 한다. 레토르트 살균을 하는 제품에 적용할 마요네즈라면 보다 높은 내열성이 요구되며, 이 경우에는 위의 내동성 마요네즈를 응용하면 된다. 다만, 난황은 가열에 의해 변색될 우려가 있으므로 배합에서 제외하거나 소량만 사용하는 것이 좋다.

⑥ 조리빵용 마요네즈

제과점에서 판매되는 빵 중에는 완성된 빵 위에 마요네즈를 뿌리는 것이 아니라, 빵 반죽을 오븐에 굽기 전에 위에 칼집을 내고 마요네즈나 샐러드를 넣은 후 구워내는 제품도 있으며, 이때 사용되는 마요네즈를 '조리빵용 마요네즈' 또는 '제빵용 마요네즈'라고 부른다. 보통 180~200℃에서 약 15분 가열하며, 상당히 높은 온도에 견디는 마요네즈가 요구된다.

이 경우 마요네즈가 조금 분리되어 빵에 스며들며 퍼지는 상태를 원할 경우에는 일반 난황을 보통보다는 다량으로(10% 이상) 사용하면 일부의 난황은 굳어지더라도 남아있는 난황으로 유화가 유지되게 된다. 마요네즈가 분리되지 않고 형태를 유지하고 싶다면 효소처리 난황을 사용하고 난백을 첨가하면 된다.

⑦ 저칼로리 마요네즈

마요네즈는 메인 음식이 아니라 음식에 맛을 더해주는 소스의 일종이며, 완성된 음식에서 차지하는 마요네즈의 양으로 보아 칼로리를 크게 신경 쓰지 않아도 되나, 마요네즈의 칼로리가 높다는 사실에만 주목하여 꺼려하는 사람들이 있는 것도 현실이다.

이런 소비자들을 위해 개발된 것이 저칼로리 마요네즈다. 칼로리를 낮추기 위해 식용유와 난황의 양을 줄이고, 전분 등의 증점제로 유화를 유지시킨 마요네즈로서 기본적으로는 업무용 마요네즈를 만들 때와 같이 하면 된다. 다만, 업무용 마요네즈에 비하여 식용유와 난황의 양을 더욱 줄여야 되므로 맛을 보강하기 위한 검토를 잘 하여야 한다.

입무용 마요네즈는 식용유 함량이 보통 65% 이상이며, 난황의 사용량도 저칼로리 마요네즈에 비해 비교적 많은 편이어서 일반 마요네즈에 가까운 편이다. 이에 비하여 저칼로리 마요네즈에서는 식용유 함량이 30~40% 정도이며, 〈식품공전〉의 기준으로는 '마요네즈'이나 국제적인 기준으로 보면 '샐러드드레싱'에 해당하는 제품이다. 저칼로리 마요네즈의 유화는 난황의 역할보다 변성전분의 효과가 크므로, 적절한 물성을 제공하는 변성전분의 선택이 중요하다.

⑧ 식물성 마요네즈

마요네즈 중의 콜레스테롤에 민감한 사람이거나 채식주의자들을 위해 개발된 마요네즈이며, 마요네즈 중에 거의 유일한 동물성이며 콜레스테롤의 원인이 되는 난황을 제외한 것이다. 난황 대신 카제인나트륨, 글리세린지방산에스테르(glycerin fatty acid ester) 등의 유화제나 잔탄검 등의 검류로 유화시키고, 변성전분 등으로 유화를 안정화시킨다.

난황만 제외하였을 뿐 식용유의 함량은 일반 마요네즈와 비슷한 약 80% 정도이며, 칼로리도 크게 차이가 나지 않는다. 마요네즈의 필수원료인 난황을 사용하지 않았기 때문에 마요네즈가 아니며 소스(드레싱)에 속한다. 따라서 제품명에 '마요네즈'라는 표현을 쓸 수가 없다.

24

드레싱

24

드레싱

1) 드레싱 일반

드레싱은 소스(sauce)의 일종이며, 주로 샐러드용으로 사용된다. 생야채에 소금 등을 뿌려서 먹는 일은 기원전부터 있었으며, 영국 옥스퍼드대학교 출판부에서 18세기 초에 출간한 『옥스포드영영 사전(Oxford Advanced Learner's Dictionary)』에 드레싱(dressing)이란 단어가 나오므로, 그 이전에 샐러드용 소스에 드레싱이란 단어를 사용하기 시작한 것으로 추정된다.

드레싱이란 옷을 입거나 치장을 한다는 뜻의 영어 동사 드레스 (dress)에서 파생된 말로서 '야채를 감싼다' 또는 '음식을 장식한다'

라는 의미다. 외출 전에 옷을 차려 입어야만 외출 준비가 끝나듯이 드레싱을 첨가하여야 비로소 샐러드가 완성되는 것이다.

"샐러드의 맛은 드레싱이 좌우한다"라고 할 만큼, 그냥 먹기에는 맛이 부족한 생야채 등의 소재를 맛있게 먹을 수 있도록 도와주는 조미료의 역할을 하는 것이 드레싱이다. 드레싱은 수많은 종류가 있으나, "식물성식용유 및 식초를 주원료로 하며, 유화(乳化)를 응용한다"라는 공통점이 있어서 다른 소스류와 구분된다.

현재의 〈식품공전〉에서 드레싱은 별도의 식품유형 없이 소스에 포함되어 있으나, 개정 전에는 별도의 식품유형이 있었다. 개정 전의 〈식품공전〉에 의하면 마요네즈는 '드레싱류'에 속하며, 드레싱류의 정의는 "식품을 제조·가공·조리함에 있어 식품의 풍미를 돋우기 위한 목적으로 사용되는 것으로, 식용유, 식초 등을 주원료로 하여 식염, 당류, 향신료, 알류 또는 식품첨가물을 가하고 유화시키거나 분리액상으로 제조한 것 또는 이에 채소류, 과일류 등을 가한 것으로 드레싱, 마요네즈를 말한다"라고 되어 있었다.

마요네즈와 드레싱의 규격에서 차이는 조지방 함량이었으며, 마요네즈는 65% 이상인 데 비하여 드레싱은 10% 이상이었다. 드레싱의 조지방 함량은 원래 30% 이상이던 것이 변화된 환경을 수용하여 10%로 개정되었으며, 현재의 〈식품공전〉에서는 이마저도 없어졌다.

우리나라에서 드레싱이 처음 생산된 것은 1976년 5월 오뚜기의 '사라다드레싱'이었으나, 소비자의 호응을 얻지 못하고 바로 생산이 중단되었다. 1984년에 오뚜기, 롯데삼강, 대상 등에서 사우전드아일랜드드레싱, 프렌치드레싱, 타타르소스 등을 출시하여 본격적인 드레싱 시대를 열었다.

　　그러나 드레싱의 정착은 만만하지 않았다. 우선 드레싱이란 서양식 소스가 당시까지는 일반인뿐만 아니라 식품업계에 종사하는 사람에게도 낯설었다. 오뚜기에서 드레싱을 개발한 나조차도 큐피(キューピー)에 연수가기 전까지는 드레싱을 구경한 일이 없었을 정도였다.

　　이런 낮은 인지도 때문에 드레싱이 시장에 정착하는 데는 많은 시간이 필요하였다. 1984년에 출시된 오뚜기의 드레싱 중에서 '타타르소스'의 경우에는 출고된 후 유통기한이 경과되어 반품된 비율이 약 90%에 이를 정도였다. 이 때문에 타타르소스는 바로 생산이 중단되었으며, 사우전드아일랜드드레싱만이 비교적 꾸준히 생산·판매되었다.

　　1980년대만 하여도 우리의 식탁을 차지하고 있던 것은 전통적인 우리 고유의 식품들이었으며, 현재 우리가 먹고 있는 식품들과는 많은 차이가 있었다. 이런 환경 때문에 드레싱을 개발하는 것조차 어려웠다. 그 당시에는 지금은 흔하게 구할 수 있는 파프리카나 오이피클을 구하기도 쉽지 않았다. 파프리카를 재배하는 농가도 없었으며, 수입되는 것도 없었다. 오이피클 역시 병제품으로 수입되는 것은 있었으나, 원료로 사용하기에는 가격 면이나 생산성에서 부적합하였다.

결국 시우 전드아일랜드드레싱이나 타타르소스에 들어가는 오이피클은 직접 만들 수밖에 없었다. 그러나 오이피클용의 짧고 단단한 오이를 구할 수 없어서 국내에서 공급 가능한 오이로 만들 수밖에 없었으며, 제대로 된 식감을 살릴 수 없었다. 파프리카는 사우전드아일랜드드레싱에 사용되어 외관상 붉은색의 포인트를 주는 원료인데, 구할 수가 없어서 결국 붉은 고추를 물에 넣고 끓여서 매운맛을 빼고 사용할 수밖에 없었다.

1988년 서울올림픽을 계기로 피자, 햄버거, 프라이드치킨 등 서양의 다양한 프랜차이즈들이 도입되고, 서양의 음식이 소개되기 시작하였다. 또한 1989년 1월부터 해외여행이 자유화되어 관광 목적으로 외국을 다녀오는 사람들이 증가하면서 각종 샐러드 및 드레싱을 경험할 기회도 많아졌다.

그러나 1990년대까지도 드레싱은 그 판매량이 미미하였으며, 드레싱이 이렇게 성장이 더뎠던 이유는 우리의 전통적인 식습관과도 연관이 있다. 우리는 전통적으로 김치나 나물을 많이 먹었기 때문에 비타민이나 식이섬유의 부족을 느끼지 못하였다. 그러나 서구식 식사에서는 야채가 부족하기 때문에 샐러드를 많이 먹게 되었고, 드레싱이 번성할 수 있었다. 일본의 전통적 식사에서도 야채류가 부족하여 일본에서는 비교적 빠르게 드레싱류가 성장할 수 있었다.

2000년대에 들어서면서 우리의 식생활도 많이 서구화되었으며, 다양한 드레싱 제품이 등장하며 성장기를 맞이하였다. 상온제품 중심으로 판매되던 드레싱 시장은 2004년 CJ㈜에서 웰빙(well-being) 분위기에 맞추어 냉장제품인 '프레시안' 브랜드의 제품들을 출시하여 차별화하면서 드레싱의 폭을 더욱 넓혔다.

현재는 수입제품을 포함하여 여러 회사에서 다양한 드레싱류를 판매하고 있어서 그 종류를 열거하기 힘들 정도다. 일반 소비자 시장에서 마요네즈는 성장이 정체 또는 감소하는 경향인 반면 그 빈자리를 드레싱이 대체해나가고 있다. 지금까지 마요네즈를 비롯한 드레싱류는 주로 야채나 과일의 샐러드용으로 사용되어 왔으나, 종류의 다양화와 함께 용도에서도 샐러드에 국한되지 않고 그 영역을 넓혀가고 있다.

드레싱은 형태에 따라 크게 반고체상(半固體狀) 드레싱과 유화액상(乳化液狀) 드레싱으로 구분된다. 일본의 JAS규격에 따르면 반도체상 드레싱은 점도가 30Pa·s 이상이고, 유화액상 드레싱은 30Pa·s 미만으로 구분하고 있다. 일반적으로는 숟가락으로 떠야

할 정도로 점도가 있는 것(spoonable)은 반고체상 드레싱, 용기를 기울이면 쉽게 흘러내리는 것(flowable)은 유화액상 드레싱으로 생각하면 된다.

드레싱의 경우에는 마요네즈와는 달리 사용 원료에 대한 제한(이물로 오인될 수 있는 분말원료, 색상이 강한 향신료 등)이 거의 없으므로, 사용 가능한 다양한 원료를 탐색하고 확보하는 것이 신제품 개발의 포인트다. 용도에 맞는 검류 및 전분을 선택하여야 하며, 맛을 보강하기 위해 적절한 조미료 및 향신료를 사용하고, 원하는 색상의 드레싱을 얻기 위하여 다양한 원료(주로 올레오레진)를 검토하여 보아야 한다.

드레싱은 식용유 함량이 낮은 만큼 산패 등 화학적 변화는 마요네즈에 비해 느린 편이고, 사용하는 원료가 다양하고 맛과 향이 강한 편이어서 산패를 느끼기 어려운 점도 있다. 분리나 점도 변화 등 물리적으로도 마요네즈에 비해서 안정된 편이다. 다만, 오래 보관하면 다당류의 노화에 따른 물리적인 변화가 있을 수 있으므로, 유통기한 설정 시에는 이를 주목하여야 한다.

드레싱의 종류는 헤아릴 수 없을 만큼 많으며, 그 종류만큼이나 만드는 방법과 용도가 다양하다. 마요네즈를 만들 때와 다르게 드레싱을 만들 때 특별히 유의하여야 될 사항으로는 미생물에 대한 대책, 호화액(糊化液) 제조, 유화 및 균질화 등이 있다.

마요네즈의 경우 특별히 살균을 하지 않아도 원료로 사용된 식초의 영향으로 미생물이 자라기 어려우나 드레싱에서는 사정이 다르다. 드레싱은 식용유의 함량이 많아야 30~40% 정도이고, 10% 이하인 경우도 있으므로, 전체 구성비에서 수상(水相)이 차지하는 비율이 크기 때문에 마요네즈에 비해 많은 양의 식초를 사용하여도 수상 중 산도는 오히려 낮아지게 된다.

미생물을 억제하기 위해서는 수상 중 산도를 1.4% 이상으로 유지하는 것이 바람직하지만, 식초를 많이 넣으면 신맛이 강하여 원하는 맛을 내기 어렵게 된다. 배합을 조정하다 보면 수상 중 산도가 1.4% 미만으로 되는 경우가 보통이다. 따라서 마요네즈보다 미생물에 취약하게 되며, 별도의 미생물 대책을 강구하여야 한다.

마요네즈에는 살균 공정이 없으나, 드레싱의 경우에는 살균 공정이 있는 것이 보통이다. 점도가 높거나 고형물이 많아 살균기를 통과하기 어려운 제품의 경우에는 완제품을 살균하는 대신 각각의 원료를 살균하고, 제조공정을 위생적으로 관리하는 방법을 선택하기도 한다.

드레싱은 마요네즈보다 다양한 원료를 사용하게 되며, 그중에는 분말 향신료, 생야채 등 미생물 수준이 높은 것도 포함되어 있다. 이들 원료는 사용 전에 미리 살균하는 것이 좋다. 생야채(양파, 피망 등)는 식초 용액에 담가 하룻밤 재우는 것이 일반적이며, 분말 향신료는 산도 3% 정도의 식초용액에서 80℃ 정도로 가열하면 거의 완벽하게 살균된다.

살균을 위해 식초를 사용할 때는 원료로 투입될 식초 중에서 일부를 덜어내어 사용하여야 하며, 별도의 식초를 사용하면 설계된 배합비보다 신맛이 강해질 수 있다. 전분풀(paste)을 만드는 공정이 있는 제품이라면 이때 분말 향신료 등도 함께 투입하여도 된다.

완제품을 살균할 경우의 살균 방법은 각 공장의 현실 및 설비에 맞추어 결정하게 된다. 일반적으로는 95℃~98℃에서 5~6분 이상 살균한 것과 비슷한 효과를 주는 살균조건을 선택하게 된다. 살균 온도가 낮다면 유지하는 시간(holding time)을 길게 해주어야 한다. 최종적인 살균조건 결정은 완제품에 대한 미생물 시험으로 검증하는 수밖에 없다.

완제품을 살균하는 것은 포장 전에 살균하는 방식과 포장 후에 살균하는 방식이 있으며, 일반적으로는 포장 전에 살균하는 방식을 선택한다. 포장 전에 살균하는 방식은 주로 점도가 낮고 고형물이 없는 드레싱에 적용되며, 판형열교환기(板形熱交換器, plate heat exchanger)나 홀딩튜브(holding tube)로 살균한다.

살균 후에는 냉각하여 충전할 수도 있고 뜨거운 상태 그대로 충전하는 핫필링(hot-filling) 방식을 사용하기도 한다. 일반적으로 냉각하여 충전하는 것보다 핫필링 방식이 미생물의 재오염 방지에

유리하다. 핫필링의 경우에는 열에 견디는 포장재를 선택하여야
한다.

포장 후에 살균한다면 파우치에 충전된 소포장 제품의 경우에
는 레토르트나 열탕에서 살균하는 방법이 간편하다. 대용량 제품
의 경우에는 80~90℃ 정도로 유지되는 열장고(熱藏庫)에서 1~2일
보관하여 살균하는 방식을 사용하기도 하나, 이 방법은 풍미 및
물성에 좋지 않은 영향을 미칠 수도 있다.

대부분의 드레싱은 전분 또는 검류를 호화시키는 공정을 가지
고 있다. 호화액은 풀, 베이스(base), 페이스트(paste) 등 다양한 이
름으로 불리며, 난황과 함께 드레싱의 유화에 관여한다. 호화시키
기 위해 열을 가할 때는 바닥에 눌어붙지 않도록 주걱으로 바닥을
긁듯이 저어준다.

생산현장의 경우에는 보통 직화(直火)보다는 2중 재킷(jacket)으로
된 가열솥(kneader 등)에서 스팀으로 가열하며, 교반 날개에는 스크
래퍼(scraper)를 달아 가열솥의 벽과 바닥을 긁어준다. 색상이 반투
명하게 변하고, 점성이 생기면 호화가 완료된 것으로 판단한다.

가열 중에 증발되는 수분의 양은 보정하여도 되고, 보정하지 않
아도 되지만 안정된 품질을 유지하려면 보정해 주는 것이 좋다.
실험실에서 소량으로 제조할 때는 가열 전의 무게와 호화·냉각 후
의 무게를 재서 그 차이만큼 물을 보충하면 된다. 무게를 잴 때는

교반하는 데 사용한 주걱을 포함하여 재어야 오차가 없어진다.

생산현장의 경우에는 예비실험을 통하여 증발되는 무게를 미리 알아두고 그만큼 보충하게 된다. 보충하는 방법은 증발되는 양만큼 처음부터 물을 더 넣어줄 수도 있으며, 식은 후에 보충할 수도 있다. 가열 중에는 물 외에 식초 성분도 증발하게 되지만, 초산(CH_3COOH)의 비점은 118℃로서 물(H_2O)의 비점인 100℃보다 높아 그 양은 무시하여도 크게 지장이 없다.

마요네즈는 난황에 의해 유화되지만, 드레싱의 경우에는 난황을 사용하는 제품에서도 주로 전분이나 검류와 같은 다당류에 의해 유화가 이루어진다. 마요네즈의 점도는 식용유 입자 사이의 마찰력에 주로 의존하지만, 드레싱의 경우에는 호화된 다당류의 고분자 체인이 그물처럼 얽혀서 점도를 유지한다.

따라서 마요네즈의 경우에는 균질기의 간격을 좁히거나 속도를 빠르게 하면 점도가 상승하나, 드레싱의 경우에는 균질기를 통과시켜도 점도의 상승이 별로 없고 지나치게 간격을 좁히면 오히려 호화된 다당류의 체인 구조가 절단되어 점도가 낮아지기도 한다.

드레싱에서 균질기를 통과시키는 목적은 점도를 높이는 것이 아니라 혹시 있을 수도 있는 호화액 덩어리 등을 잘게 부수기 위한 것이므로 간격을 좁게 할 필요가 없다. 오이피클 등의 고형물이 있는 경우는 균질기의 간격을 더욱 넓혀 주거나 아예 균질기를 통과시키지 말아야 한다.

마요네즈와는 달리 드레싱은 매일 생산하는 일은 드물며, 같은 드레싱을 하루 종일 작업하는 경우도 별로 없다. 한 제품의 생산이 끝나면 다음 작업을 위해 세척이나 새니타이즈를 하는 것이 원칙이나, 이 작업이 번거롭고 시간이 많이 소요되기 때문에 보통은 다음에 생산된 제품으로 배관 중에 남아있는 앞의 제품을 밀어내어 작업시간의 손실을 최소화한다.

이때 앞의 제품과 뒤의 제품이 일부 섞이는 것은 피할 수 없으며, 앞의 제품이 충분히 제거되었다고 생각될 때까지 밀어낸 혼입된 제품은 모두 폐기하여야 한다. 한 종류의 드레싱만 생산하게 된다면 마요네즈의 정기 새니타이즈 전날에 마지막으로 작업하는 것이 좋다.

여러 드레싱을 하루에 생산하는 경우에는 작업 순서를 잘 고려하여야 한다. 일반적으로는 점도가 낮은 제품을 먼저 생산하고, 비슷한 점도일 경우에는 색깔이 있는 것보다는 색깔이 없는 것을 먼저 생산하는 것이 효율적이다. 그리고 피클 등 고형분이 있는 제품은 뒤에 생산하는 것이 좋다.

예를 들어, 샐러드드레싱, 사우전드아일랜드드레싱, 프렌치드레싱, 타타르소스를 생산하여야 한다면, 프렌치드레싱, 샐러드드레싱, 타타르소스, 사우전드아일랜드드레싱의 순서로 작업하는 것이 좋다. 만일 프렌치드레싱의 색상이 너무 짙어 배관 중에 남아있는 소량의 제품이 샐러드드레싱과 같이 색이 없는 제품에 영향을 줄 정도라면, 밀어내기 작업은 포기하고 배관을 분해하여 세척하는 수밖에 없다.

2) 대표적인 드레싱

드레싱은 그 종류가 매우 많고, 같은 이름의 드레싱이라 할지라도 제조회사에 따라 차이가 커서 서로 다른 드레싱으로 오해할 수 있을 정도인 경우도 있다. 그중에서도 널리 알려져 있거나 다른 드레싱류와 구분되는 특징이 있는 대표적인 드레싱으로는 다음과 같은 것이 있다.

① 샐러드드레싱(salad dressing)
드레싱은 모두 샐러드용이라고 할 수 있으나, '샐러드드레싱'이라고 칭할 때는 좁은 의미로 사용된다. 샐러드드레싱은 마요네즈와 외관이 비슷하며 용도도 거의 유사하나, 식물성식용유 함량이

낮고 전분을 사용하여 점도를 유지한다는 점에서 마요네즈와 구분된다.

처음에는 마요네즈의 유사품으로 원가절감의 목적으로 개발되었으나 맛이 마요네즈에 비하여 떨어지는 단점이 있어 호응을 받지 못하였다. 요즘에는 맛에서도 많은 개선이 있었고 마요네즈에 비해 저칼로리라는 장점이 있어 다이어트에 신경 쓰는 소비자에게 좋은 반응을 얻고 있다.

우리나라의 경우 2018년부터 적용된 〈식품공전〉의 기준에 따르면 마요네즈와 샐러드드레싱의 구분이 사라졌으며, 개정 전에는 드레싱으로 분류되어야 했던 제품도 이제는 마요네즈라고 부를 수 있게 되었다. 시판되고 있는 제품 중에 오뚜기의 '1/2 하프 마요네즈'는 국제적인 기준에서 보면 샐러드드레싱에 속한다.

샐러드드레싱은 반고체상 드레싱이며, 호화액을 만들어 유화시킨다는 점만 빼면 마요네즈의 제조 공정과 거의 유사하다. 미생물적으로 불안할 수 있는 전분, 검류를 비롯한 분말원료를 식초와 함께 가열하여 호화시키면 충분히 살균되므로, 그 이후의 공정에서 공기 중에 노출하여 재오염만 시키지 않으면 완제품에서 미생물 문제가 발생하지 않는다.

② 사우전드아일랜드드레싱(thousand island dressing)

우리나라 사람들에게는 가장 친숙한 드레싱이며, 현재 드레싱 중에서 세계적으로 가장 많이 알려져 있는 제품이다. 토마토 유래의 붉은 색깔과 오이피클의 씹히는 맛이 특징인 드레싱이며, 가정에서는 마요네즈와 케첩을 적당한 비율로 섞고, 오이피클을 비롯한 부재료를 기호에 따라 적절히 첨가하면 간단히 만들 수 있다.

'1,000개의 섬'이라는 이름이 붙게 된 것은 미국과 캐나다의 경계에 있는 세인트로렌스강(Saint Lawrence river) 위에 떠 있는 1,000개 이상의 섬으로 이루어진 휴양지를 일컫는 말인 '사우전드아일랜드(Thousand Islands)'에서 따왔다는 설과 드레싱에 박혀있는 오이 조각이 마치 강에 떠 있는 1,000개의 섬과 같다 하여 그렇게 불리게 되었다는 설이 있다.

드레싱의 기원에 대해서도 몇 가지 설이 있으며, 그중에서 가장 널리 알려져 있는 것은 1900년경 낚시터 안내인의 부인인 소피아 라론드(Sophia LaLonde)가 그녀의 남편을 위한 해산물요리의 소스로 개발하였다는 것이다. 우연히 이 요리를 맛보게 된 여배우 메이 어윈(May Irwin)이 그 맛에 반하여 레시피(recipe)를 받았으며, 그녀의 지인들에게 소개하면서 널리 알려지게 되었다는 것이다.

다른 설로는 월도프아스토리아호텔(Waldorf Astoria Hotel)의 주방장인 오스카 처키(Oscar Tschirky) 또는 블랙스톤호텔(Blackstone

Hotel)의 요리사 테오 룸즈(Theo Rooms)가 개발하였다고도 하고, 사우전드아일랜드 지역의 전통적인 소스였다고도 한다. 어느 설을 따르던 1900년경에 사우전드아일랜드 지역에서 처음으로 개발되어 1950년경에는 미국에서 일반적인 드레싱이 되었다는 것은 공통되는 내용이다.

사우전드아일랜드드레싱은 유화액상 또는 반고체상 드레싱이며, 오이피클이 들어가는 것을 제외하면 샐러드드레싱을 만드는 것과 같이 하면 된다. 오이피클은 식초에 절인 것이므로 미생물의 우려는 적은 편이며, 유화 공정에서 투입하면 된다. 제품을 살균할 때는 피클이 있기 때문에 판형열교환기는 사용할 수 없고 홀딩튜브 방식을 택해야 한다. 균질기는 간격을 최대한 벌리거나 아예 바이패스(by-pass)하는 것이 좋다.

③ 프렌치드레싱(French dressing)

'프랑스식(French)'이란 이름이 붙어 있으나 정작 프랑스에는 이런 이름의 드레싱이 없다고 한다. 우리나라에 '한국식 김치'라는 이름의 김치가 없는 것과 마찬가지다. 이와 유사하게 '이탈리안드레싱', '러시안드레싱', '차이니즈드레싱' 등과 같이 나라 이름이 붙은 드레싱들도 정작 그 나라에는 없고 다른 나라에서 개발되어 그런 이름이 붙은 것들이 많다.

프렌치드레싱은 우리의 김치만큼이나 종류가 많아 분리액상의 것도 있고, 유화액상의 것도 있으며, 색깔도 흰색, 붉은색 등 다양하다. 난황 대신에 검류로 유화시키며, 점도가 낮아 잘 흐르는 특징이 있다. 식용유와 식초를 주원료로 하여 식염과 후추 등으로 맛을 낸다. 고형물이 거의 없고 식초의 산뜻한 맛이 강하며, 야채 샐러드나 생선요리에 사용된다.

프렌치드레싱은 미리 전분과 검류로 호화액을 만든 후 식용유와 혼합하여 유화시키게 된다. 식초 및 분말원료들은 호화액을 만들 때 넣고, 올레오레진류의 향신료는 식용유를 투입할 때 함께 넣는다. 제품의 점도가 낮기 때문에 판형열교환기로 살균하기에 적합하다. 균질기는 간격을 넓게 하여 통과시킨다.

④ 타타르소스(tartar sauce)

'타타르(tartar)'는 '지옥'이라는 의미를 갖는 '타르타로스(tartarus)'에서 유래된 것으로, 12세기 징기스칸의 후예들이 서방 원정 시에 유럽인에게 공포와 두려움을 안겨준 몽골계 유목민족을 지칭하던 것이었다. 이들 몽골계 유목민족은 말안장 밑에 생고기를 넣고 다니다가 식사 때가 되면 생고기를 잘게 썰어 소금, 후추, 양파, 파 등으로 양념하여 먹었다고 한다.

몽골의 정복전쟁과 함께 이들의 이런 전통요리도 세계 각국에 영향을 주었으며, 햄버거나 우리나라의 육회도 여기서 유래되었다. 타타르소스 역시 몽골계 유목민족의 양념법을 응용하여 프랑스에서 개발한 드레싱이다. 가정에서 타타르소스를 만들 때는 마요네즈에 오이피클, 후추, 양파, 마늘 등을 섞어주면 된다.

마요네즈를 포함한 드레싱류는 소스류의 일종이기 때문에 명칭에 '소스'를 붙일 수 있으며, 마요네즈는 마요네즈소스라고도 한다. 타타르소스는 분류상 반고체상 드레싱에 속하지만 타타르드레싱이란 명칭을 사용하지 않고 타타르소스라고 부르는 것이 일반적이다.

타타르소스는 다른 드레싱류와는 달리 샐러드보다는 스테이크나 생선요리에 주로 사용된다. 타타르소스와 비슷한 외관과 성상을 갖는 제품으로 샌드위치스프레드(sandwich spread)가 있으며, 샌드위치스프레드는 주로 빵이나 과자 등에 발라서 먹는다.

타타르소스나 샌드위치스프레드는 점도가 높기 때문에 판형열교환기나 홀딩튜브를 통과하기 어려우며 이송펌프에 무리가 갈 수 있다. 열장고(熱藏庫)에서 살균하면 풍미가 변한다. 결국 제품을 살균할 수 없으므로 각 원료를 미생물적으로 안전한 상태로 전처리(호화액 제조시 투입 또는 식초에 담가 둠)하여 유화시키고, 재오염에 주의하여야 한다.

⑤ 분리액상(分離液狀) 드레싱

분리액상 드레싱은 식용유 등의 유상부(油相部)와 식초, 조미액 등의 수상부(水相部)가 분리되어 층을 이루고 있는 형태의 드레싱으로서, 사용 직전에 가볍게 흔들면 쉽게 유화될 수 있도록 제조된 것이다. 충전 시에는 유상부와 수상부를 별도로 제조하여 비중이 높은 수상부를 먼저 충전하고, 그 위에 유상부를 충전한다.

한때 유행하였으나 지금은 드레싱 시장에서 큰 비중을 차지하고 있지는 않다. 기존의 유화형 드레싱과는 달리 소비자가 직접 제품을 완성하게 하여 재미와 함께 스스로 요리한 것과 같은 자부심을 느끼도록 한 것이 마케팅 포인트였으나, 분리액상이기 때문에 제품에 들어있는 식용유의 양을 눈으로 확인할 수 있어서 오히려 거부감을 주기도 하였다.

⑥ 논오일드레싱(non-oil dressing)

'논오일(non-oil)'이란 말 그대로 기름이 없거나 극소량만 사용하고 간장을 주원료로 하는 소스다. 식용유를 사용하지 않기 때문에 드레싱으로 분류할 수 없는 제품이나 사용 용도가 드레싱과 같기 때문에 드레싱이란 이름을 사용하고 있다. 이것은 간장의 맛에 익숙한 소비자를 겨냥하여 1980년대 초에 일본에서 개발된 제품으로서 과거 한때는 폭발적인 인기를 얻기도 하였다.

논오일드레싱은 기름의 함량이 제로(zero)에 가깝다는 것을 장점으로 선전하고 있으나, 대신 간장 유래의 나트륨 함량이 매우 높아 반드시 영양학적으로 바람직하다고 말할 수는 없다. 사실 드레싱은 맛을 내기 위해 음식의 주재료가 되는 야채, 육류 등에 소량 첨가하는 것이므로 그 섭취량이 많지 않아 기름의 함량이 많건 나트륨의 함량이 많건 영양학적으로 큰 의미는 없다.

25

샐러드

25

샐러드

1) 샐러드 일반

샐러드는 우리의 김치나 나물처럼 오랜 역사를 지닌 식품이다. 인류는 지구상에 등장한 이래 먹을 것을 찾아 유랑하였으며, 사냥을 하거나 산이나 들에서 먹을 수 있는 식물을 채취하여 연명하였다. 처음에는 과일 위주로 먹었을 것이나 어느 순간부터 잎이나 뿌리 등도 먹을 줄 알게 되었다.

그런데 과일과는 달리 야채의 잎은 맛이 없으며, 그 자체만으로 먹기에는 부족하였다. 그래서 생각해 낸 방법이 소금으로 간을 하는 것이었다. 기원전 그리스·로마시대부터 생야채에 소금을 뿌리거나 야채를 소금에 절여서 먹었다고 한다. 샐러드(salad)란 말은 라틴어로 '소금'이라는 의미를 갖는 '살(sal)'에서 유래된 것이며, '소금에 절였다(salted)'는 뜻에서 나온 말이다.

처음에는 단순히 소금에 절여 먹던 것에서 점차 맛을 내기 위하여 각종 향신료를 첨가하기 시작하였으며 식용유, 과즙, 식초 등을 이용하는 요리로 발전하였다. 이렇게 하여 탄생한 것이 드레싱이며, 드레싱은 그냥 먹으면 맛이 없는 생야채를 맛있게 먹기 위해 고안된 소스다.

샐러드는 우리 고유의 음식이 아니지만 이제는 우리의 식생활에 밀접하게 자리 잡아 마치 처음부터 우리의 것이었던 듯 여겨진다. 서양식 레스토랑은 물론이고 한국식 음식점이나 일본식 횟집 등에서도 거의 빠지지 않고 샐러드가 제공되고 있으며, 일반 가정의 식탁에도 자주 오르고 있다. 샐러드의 최대 장점은 맛있고 누구나 손쉽게 만들 수 있다는 점이다.

야채나 과일을 주재료로 하고 드레싱으로 맛을 내는 것이 샐러드의 기본이지만, 격식을 차린 상차림에서는 가니시(garnish)로 시각적인 아름다움이나 맛을 부여하기도 한다. 가니시는 완성된 음식의 모양이나 색을 좋게 하고 식욕을 돋우기 위해 음식 위에 곁들이는 장식을 말하며, 우리말의 고명에 해당한다. 가니시로는 땅콩, 호두 등의 견과류를 사용하는 것이 보통이며, 색깔이 화려한

채소류가 장식으로 쓰이기도 한다.

고기나 생선 등 육류를 주식으로 하는 서양의 식생활에서 채소나 과일 등의 식물성 식품은 식이섬유를 비롯하여 비타민과 미네랄을 보충하여 영양의 불균형에서 오는 질병을 예방하여 주는 중요한 역할을 하였다. 이런 역사적 배경에서 샐러드는 건강식품으로 여겨지게 되었다.

우리 국민이 샐러드를 먹기 시작한 것은 마요네즈가 소개된 개화기 때부터이나 본격적인 소비는 마요네즈가 생산된 1972년 이후다. 그러나 1970년대까지도 '보릿고개' 또는 '춘궁기(春窮期)'라는 말이 유행할 정도로 식량 사정이 좋지 않았으므로 샐러드는 일부 부유층이나 즐기는 고급 음식이었다. 1980년대로 들어서면서 어느 정도 굶주림을 면하게 되고 1000아일랜드드레싱, 프렌치드레싱 등의 드레싱류가 생산되면서 샐러드의 소비도 증가하기 시작하였다.

그러나 1990년대 중반까지도 샐러드의 소비는 미미하였으며, 마트 등에서 마요네즈나 드레싱을 구입하여 가정에서 야채나 과일 등에 섞어 먹는 것이 고작이었다. 그러던 중 1995년에 엠디에스코리아에서 살균 처리된 1kg 업무용 샐러드를 생산하기 시작하면서 샐러드 소비에 변화가 생겼다.

업무용 샐러드는 가정에서 만드는 일반 샐러드에 비하여 여러 가지 장점이 있다. 우선 직접 만드는 일반 샐러드는 유통기한이 1일 이내로 매우 짧은 데 비하여 업무용 샐러드는 냉장에서 약 1개월의 유통기한을 갖는다. 또한 포장만 뜯으면 바로 먹을 수 있으므로 샐러드를 직접 만들기 위해 여러 가지 원재료를 구매할 필요가 없어 식재료의 손실을 줄일 수 있다.

그리고 업무용 샐러드는 유통기한이 길고, 규격화되어 있기 때문에 전국에 흩어져 있는 각 매장에서 동일한 품질의 제품을 고객에게 제공할 수 있다. 또한 주로 아르바이트를 하는 학생들로 프랜차이즈를 운영하는 입장에서는 전문 요리사가 없어도 고객에게 맛있는 샐러드를 제공할 수 있어서 인건비 절감이 가능하다.

업무용 샐러드의 이런 장점들은 88서울올림픽을 계기로 우후죽순처럼 생겨나기 시작한 피자헛을 비롯한 프랜차이즈 레스토랑의 수요와 맞물려 샐러드의 급속한 성장을 가져왔다. 프랜차이즈가 아닌 일반 식당이나 뷔페 등에서도 간편하게 샐러드를 제공할 수 있게 되었으며, 인터넷을 통한 온라인판매도 가능하게 되었다.

엠디에스코리아의 업무용 샐러드가 성공을 거두자 오뚜기, 시아스 등의 회사에서도 잇달아 생산을 시작하였다. 2000년대에는 웰빙(well-being)이 사회적 관심사였으며, 샐러드가 웰빙식품으로 인식되면서 급속하게 성장하게 되었다. 2000년대를 주도하였던 웰빙의 유행이 사라진 후에도 샐러드의 성장은 계속되었으며, 요즘은 새롭게 대두된 가정간편식(HMR)의 한 종류로서 샐러드의 소비가 증가하고 있다.

소비가 증가함에 따라 그동안 별도의 기준이나 규격도 없이 생산·판매되던 샐러드가 〈식품공전〉의 규제 안으로 편입되었다. 식생활 소비 패턴의 변화를 반영하여 2008년 2월부터 별도의 조리과정 없이 그대로 또는 단순 조리과정을 거쳐 섭취할 수 있는 '즉석섭취·편의식품류'가 신설되었다.

여기에는 더 이상의 가열·조리과정 없이 그대로 섭취할 수 있는 김밥, 햄버거, 선식 등의 '즉석섭취식품'과 단순 가열 등의 조리과정을 거쳐 섭취할 수 있는 국, 탕, 스프 등의 '즉석조리식품' 및 농·임산물을 세척, 박피, 절단 등의 가공공정을 거치거나 이에 단순히 식품 또는 식품첨가물을 가하여 그대로 섭취할 수 있도록 한 샐러드, 새싹채소 등의 '신선편의식품'이 포함되게 되었다.

〈식품공전〉의 예시에는 샐러드가 신선편의식품으로 되어 있으나, 이는 전통적인 샐러드의 개념인 생야채나 과일에 드레싱을 뿌려 섞어주는 것을 기준으로 하였기 때문이다. 신선편의식품에 해당하는 샐러드는 열을 가하지 않고 요리를 완성함으로써 영양소의 파괴가 거의 없으며, 야채나 과일의 싱싱함을 그대로 유지하여 식욕을 돋우는 효과도 있다. 그러나 판매되고 있는 제품의 유통기한은 길어야 1주일 정도이며, 보통은 하루 이내로 매우 짧은 것이 단점이다.

이에 비하여 살균 처리된 샐러드는 냉장에서 약 1개월의 유통기한을 가지며, 식품유형도 즉석섭취식품으로 분류된다. 이런 샐러드는 가열을 하면 신선함이나 식감이 감소하게 되는 소재는 원료로 사용하기 어렵고, 주로 익혀서 먹게 되는 단호박, 감자, 고구마 등을 원료로 사용하고 있다. 용도에 있어서도 샐러드 그 자체로도 이용되지만 샌드위치나 김밥의 속 재료, 피자의 토핑 등으로 이용 범위를 넓혀가고 있다.

예전에는 주로 야채나 과일을 사용하여 샐러드를 만들었으나, 오늘날에는 쇠고기, 닭고기 등의 육류나 해산물, 파스타(pasta) 등 모든 종류의 식품이 샐러드의 소재로 이용되고 있다. 이에 따라 샐러드는 단순한 애피타이저(appetizer)나 사이드디쉬(side dish)가 아닌 한 끼의 식사로도 손색이 없는 메인 요리로도 이용되고 있다.

패밀리레스토랑 등에서 요즘 인기를 얻고 있는 샐러드는 대부분 쇠고기, 닭고기 등의 육류와 여러 가지 야채를 곁들여 드레싱으로 맛을 낸 것들로서 영양을 골고루 섭취할 수 있는 데다 한 끼 식사로도 충분하여 젊은이들이 선호하는 점심 메뉴로 자리 잡았다.

시판되는 것으로는 스파게티(spaghetti)를 메인으로 하고 여기에 육류, 해산물, 치즈 등을 첨가한 제품이 있다. 냉장이나 냉동으로 유통되고, 전자레인지 등에 데워서 따뜻하게 먹는 샐러드이며, 식품유형은 즉석조리식품에 해당한다. 날씬한 몸매를 유지하려는 젊은 여성들의 전유물로만 여겨지던 샐러드가 이제는 다양한 재료와 드레싱의 개발로 점차 중년 남성은 물론 온 가족이 즐기는 식사로 떠오르고 있다.

샐러드의 용도가 다양화하고 사용되는 원료에서도 제한이 없어지면서 소스에도 변화가 나타났다. 예전에는 마요네즈를 비롯한 드레싱류가 샐러드의 소스로 사용되었으나, 요즘에는 토마토나 간장을 베이스로 한 소스를 사용하는 제품도 판매되고 있다. 전통적인 개념에서는 이런 소스를 사용한 제품은 샐러드라 불릴 수 없었으나, 〈식품공전〉에서 드레싱이 소스에 포함되면서 자연스럽게 샐러드란 명칭을 붙이게 되었다.

2) 샐러드 생산

가정에서 직접 만들어 먹을 때는 크게 신경 쓰지 않아도 될 사항도 공장에서 제품으로 판매하기 위해 만들 때는 세심한 주의를 기울여야만 한다. 상품으로 판매되는 샐러드의 유형은 신선편의식품, 즉석섭취식품, 즉석조리식품 등이 있으며, 각각을 생산할 때 일반적인 유의사항은 다음과 같다.

① 신선편의식품 샐러드

오이, 당근, 양배추 등 생야채를 사용한 신선편의식품 샐러드는 절단·세척하여 포장한 신선한 야채에 드레싱(마요네즈)을 별도로 첨부하여 섭취 직전에 섞도록 한 키트(kit) 제품과 미리 버무려져 있는 상태의 제품이 있으며, 유통기한은 보통 1주일을 넘지 않는다.

신선편의식품 샐러드는 유통기한이 짧은 대신 각 계절에 나오는 제철 야채를 이용하여 상품이 수시로 변경되므로 싫증나지 않는 매대 구성을 제공한다는 장점이 있으며, 무엇보다도 신선하고 건강한 이미지가 특징이다. 야채뿐만 아니라 사과, 귤 등의 과일도 이용할 수 있으나, 주로 양배추가 많이 사용된다.

원료가 신선하지 않으면 아무리 좋은 가공기술 및 공장 시설을 갖추어도 품질이 좋은 상품을 만들 수가 없으므로 원료의 신선도 유지가 중요하다. 그러나 절단, 세척 등의 가공을 거침에 따라 가공하지 않은 일반 채소보다 품질이 빨리 변할 수 있다는 단점이 있다. 야채의 절단면은 신선도 유지에 중요하므로 아주 날카롭게 갈아준 칼날을 사용하는 것이 좋다.

신선도를 유지하기 위하여 가장 중요한 것은 온도의 관리다. 우선 야채의 수확도 온도가 높은 낮 시간보다는 새벽 또는 오전 이른 시간에 실시하고, 수확 즉시 예랭(豫冷, precooling) 처리하여 신선도를 유지하도록 한다. 유통과 보관도 3~5℃ 정도의 저온을 유지한다.

세척에 사용되는 물은 3~5℃ 정도의 냉각수를 사용하며, 음용수로 이용할 수 있는 것이어야 한다. 세척은 3차로 나누어 이루어지며 1차 세척에서는 원료 야채에 묻어 있는 벌레나 이물질 등을 제거하고, 2차 세척은 염소수를 사용하여 미생물을 제거하며, 3차 세척은 깨끗한 물로 헹구는 과정을 갖는다.

염소수 세척은 일반적으로 차아염소산나트륨(NaOCl)을 사용하며, 50~200ppm 정도의 농도가 되도록 만들어 준 뒤 1~2분간 처리한다. 염소수의 살균력은 농도가 낮아지면 떨어지게 되므로, 세척 중에 수시로 유리염소의 농도를 점검하여 부족하면 보충하여 주어야 한다.

미생물을 제거하기 위하여 일반적으로 염소수 세척을 하지만, 차아염소산나트륨은 금속 재질을 부식시키기도 하므로, 부식에 취약한 기기나 설비를 사용하는 공장에서는 온도 15~70℃, 식염 농도 2~6% 정도 되는 식염수 중에 1~5분 담갔다 꺼내어 신속하게 진공냉각 하는 야채의 전처리 방법을 사용하기도 한다.

세척 후 표면에 남아있는 물기를 제거하기 위하여 주로 원심분리 방법으로 탈수 과정을 거치는데 원심분리 회전속도가 지나치게 빠르거나 시간이 너무 오래되면 야채 조직에 피해를 줄 수 있어 신선도가 빨리 저하될 수 있다. 그리고 탈수 공정에서 다시 미생물이 오염되지 않도록 사용하는 탈수기는 작업 전에 깨끗하게 세척·살균하여 둔다.

야채 처리 공장에서 직접 원료로 사용할 경우에는 포장을 생략하기도 하나, 절단·세척한 야채는 진공포장이나 MA(modified atmosphere)포장을 하여 유통 중의 신선도를 유지시킨다. 진공포장은 가장 많이 사용되는 방법의 하나로 특히 유통기간이 짧은 단체급식용 및 외식업체용에 주로 사용되고 있다. 진공포장은 부피를 줄일 수 있다는 장점이 있으나 야채가 눌려서 상처를 입는 원인이 될 수도 있다.

MA포장은 선택적 가스투과성이 있는 플라스틱 필름을 이용하여 포장 내부의 산소 농도를 낮추고, 이산화탄소의 농도를 높여주어 농산물의 호흡을 억제하고 신선도를 유지시키는 기술이다. 각 야채에 따라 알맞은 산소투과율을 갖는 필름을 선발하여 사용하는 것이 필요하다.

키트 제품이 아니라 혼합된 샐러드의 경우 제조 후 시간이 경과함에 따라 이수(離水) 현상이 발생하며, 샌드위치나 조리빵에 사용하였을 경우 맛이나 외관에서 문제를 일으킬 수도 있다. 이런 문제를 해결하기 위해서는 보수성(保水性)이 좋은 마요네즈를 사용하여야 한다.

편의점 등에서 판매하는 샌드위치, 조리빵, 도시락 등은 상온에서도 어느 정도 유통기한이 있어야 할 필요성이 있으며, 이런 제품에 사용되는 샐러드에는 미생물 억제제가 사용되기도 한다. 미생물 억제제로 사용되는 식품첨가물은 여러 종류가 있으며, 살균 효과와 함께 샐러드의 맛에 영향을 주지 않는 것을 선택하는 것이 중요하다. 미생물 억제제는 일반적으로 글리신(glycine)과 초산나트륨(sodium acetate)을 주원료로 하고 구연산이나 사과산 등의 유기산을 혼합한 것이 많다.

② 즉석섭취식품 샐러드

냉장에서 약 30일의 유통기한을 갖는 즉석섭취식품 샐러드는 65~90℃ 정도의 열탕(熱湯)에서 40~60분 정도 살균하는 것이 일반적이며, 제품의 중심온도는 적어도 60℃에서 10분 이상을 유지하여야 한다. 이 조건은 제조사의 생산설비, 배합비, 원료 등에 따라서 결정되며 안전을 위해 살균조건을 다소 엄격하게 적용하기도 한다.

이 정도의 살균조건에서는 유산균, 그람양성 구균의 일부, 바실러스(Bacillus) 등은 잔존할 수 있으며, 제조 직후의 일반세균은 g당

수십~수백CFU 수준이다. 샐러드의 경우 미생물은 사멸하지 않고 증식하며, 일반적으로 일반세균이 g당 1.0×10^4CFU 이하인 경우에는 미생물적인 문제가 발생하지 않으므로 유통기한 설정 시 참고로 한다.

살균 공정에 있어 온도 및 시간의 관리는 매우 중요하며, 자동제어 시스템이 아니라면 수시로 확인하고 살균 종료를 알리는 알람(alarm)을 설치하여야 한다. 살균탱크 내에서의 온도 편차를 줄이기 위해 열수를 강제 순환시키는 장치도 필요하다. 살균 샐러드를 만들 때 사용하는 마요네즈는 당연히 내열성이 있는 것을 선택하여야 한다.

샐러드를 만들 때 마요네즈가 분리되는 일이 간혹 있으며, 특히 감자샐러드의 경우 발생하기 쉽다. 감자는 전분 함량이 많은 원료이며, 가열에 의해 호화된 전분이 파괴된 세포막을 통해 흘러나와 마요네즈 중의 수분을 흡수하기 때문에 분리가 일어나는 것이다.

분리는 수확초기의 감자에서 일어나기 쉬우며, 이때는 감자의 세포가 미숙하여 세포막이 약하므로 쉽게 파괴되어 전분이 흘러나오게 된다. 이런 분리를 방지하기 위해서는 배합비를 설계할 때 물의 함량을 늘려서 전분이 수분을 흡수하여도 유화가 깨지지 않도록 배려하여야 한다.

감자는 전분의 함량에 따라 '분질(粉質)감자'와 '점질(粘質)감자'로 구분된다. 분질감자(starchy potato)는 전분 함량이 높고 수분이 적은 것을 말하며, 점질감자(waxy potato)는 상대적으로 전분 함량이 낮고 수분이 많은 것을 말한다. 샐러드용 감자로는 분질감자가 좋으며, 전분 함량이 높을수록 맛이 좋다.

감자의 사용량이 많을 경우에는 박피기(剝皮機) 등을 이용하여 자체적으로 껍질을 벗겨서 사용하기도 하나, 껍질이 제거된 상태로 납품받아 사용하는 것이 일반적이다. 이때 감자의 변색을 막기 위해 물에 담긴 상태로 포장하는 것이 보통이며, 오래 방치할수록 전분이 빠져나가 맛이 없어지게 된다. 감자를 비롯하여 단호박, 고구마 등의 채소류를 익힐 때도 삶는(boil) 것보다는 찌는(steam) 것이 전분의 손실이 적어 맛이 좋다.

스파게티, 마카로니, 푸실리 등의 파스타(pasta)류를 원료로 사용할 경우에는 미리 삶아서 건면(乾麵) 대비 무게가 2~2.5배 정도로 불어난 것을 사용하여야 분리를 방지할 수 있다. 삶는 동안에 물속으로 전분 성분이 녹아나오게 되며, 파스타 표면에 코팅되어 서로 달라붙게 되므로 삶은 후에는 깨끗한 물로 헹구어주어야 한다.

계란샐러드의 경우에는 삶은 계란을 원료로 사용하게 되는데 이때는 색상의 변화에 주의하여야 한다. 계란을 삶으면 난황 표면의 색이 녹색으로 변하는 경우가 있는데 이는 난백 중에 있는 황(S) 성분과 난황 중에 있는 철(Fe) 성분이 반응하여 황화철(黃化鐵,

FeS)을 만들기 때문에 일어나는 현상이다.

이런 현상은 오래되어 신선도가 떨어지는 계란에서 발생하기 쉬우며, 가열온도가 높을수록, 그리고 가열시간이 길수록 발생하기 쉽다. 삶은 후 7℃ 이하의 냉수에서 급랭하면 발생한 황화수소(H_2S)가 난황 쪽으로 가지 않고 난백의 표층부로 가기 때문에 녹변현상을 감소시킬 수 있다.

계란샐러드에 사용하는 계란은 난황의 색이 짙은 것이 보기에 좋으므로 가능하다면 색이 짙은 난황을 사용한다. 난황의 색은 맛과는 아무런 관계도 없으며, 사료에 포함되어 있는 색소의 양으로 결정된다. 사료에 포함되어 있는 색소로는 옥수수나 파프리카 색소, 금잔화(marigold) 꽃잎 분말 등이 있다. 양계업자에게 요구하여 원하는 색상의 계란을 공급받도록 한다.

삶은 계란의 껍데기를 쉽게 벗기는 것은 생산성 면에서 중요하다. 계란은 난백 중의 농후난백(濃厚卵白)이 많으면 껍데기를 벗기기 쉽고, 수양난백(水樣卵白)이 많으면 벗기기 어려우므로 농후난백의 함량이 많은 신선한 계란을 구입하여야 한다. 여름철에는 닭들이 더위를 타기 때문에 난백 중의 농후난백이 적어지고 수양난백이 많아져서 껍데기를 벗기기 어렵게 되는 경향이 있다.

수양난백이 많은 계란을 삶으면 난황이 움직여 중앙에서 벗어난 위치에서 굳어지게 되므로 반으로 잘라 샐러드, 냉면 등의 위에 없을 때 모양이 나쁘다. 계란을 삶을 때 롤러(roller) 등으로 굴리면서 삶으면 난황이 편중된 위치에서 굳어지는 것을 방지할 수 있다.

또, 난백 중에 이산화탄소가 많으면 껍데기를 벗기기 어렵고, 이산화탄소를 뺄수록 벗기기 쉬우므로 산란 직후의 신선란보다는 10℃ 전후의 냉장고에서 3~4일 보관하여 이산화탄소를 뺀 후에 삶으면 껍데기가 쉽게 벗겨진다. 이를 위해서는 3~4일 사용분을 저장할 수 있는 창고 공간이 필요하다.

공장에서도 적용 가능하며, 집에서도 간단히 할 수 있는 방법으로는 계란의 둥그런 부분인 기실(氣室) 측의 껍데기를 숟가락 등으로 가볍게 두드려 흠집을 낸 후에 삶으면 난백 중의 이산화탄소가 빠져나가 껍데기가 쉽게 벗겨진다. 삶은 후에 즉시 냉수에서 급랭하면 껍데기를 벗기기 쉬워진다.

③ 즉석조리식품 샐러드

샐러드는 일반적으로 냉장으로 유통되고, 그 상태 그대로 먹게 되는 찬 음식이다. 그러나 한 끼 대용으로 시판되는 제품 중에는 냉장이나 냉동으로 유통되고, 전자레인지 등에 데워서 따뜻하게 먹는 샐러드도 있으며, 식품유형은 즉석조리식품에 해당한다.

파스타나 감자와 같이 전분의 함량이 많은 식품을 주원료로 한 샐러드는 차게 먹는 것보다는 따뜻하게 하여 먹는 것이 좋다. 전분은 일단 호화(糊化)되더라도 차게 하면 다시 노화(老化)되는 성질이 있으며, 노화된 전분은 맛도 떨어지고 소화도 잘 안되기 때문이다.

즉석조리식품 샐러드의 제조방법은 기본적으로 즉석섭취식품 샐러드와 같다. 즉석조리식품 샐러드는 든든한 식사를 위하여 육류 등이 원료로 사용되기도 하며, 이때는 살균 조건을 좀 더 강하게 한다. 살균 방법은 주로 열탕(熱湯)을 이용하나, 때로는 레토르트로 살균하기도 한다.

일반적인 레토르트 살균은 121℃에서 이루어지나 즉석조리식품 샐러드에서는 제품의 특성을 고려하여 105~115℃ 정도의 세미 레토르트(semi-retort)로 하고, 대신 미생물이 완전히 멸균되지 않는 점을 고려하여 냉장이나 냉동으로 유통하게 된다. 살균 시간은 제품에 따라 실험에 의해 결정하게 되며 보통 30~60분 정도이다.

26

후배
연구원에게

26

후배 연구원에게

연구개발(硏究開發)의 사전적 의미는 "새로운 지식을 탐구하여 기초연구, 응용연구, 제품화를 진행하는 것을 통틀어 이르는 말"이며, 영어로는 R&D(research and development)라고 부른다. 그러나 엄밀히 말하면 연구는 깊이 있게 조사하고 생각하여 지식이나 원리를 탐색하는 학술적 성격이 강하고, 개발은 실제로 적용할 수 있도록 하는 응용이나 제품화에 중점을 두고 있다.

우리나라 식품기업의 환경은 학술적인 성격의 기초연구보다는 응용이나 제품화를 위한 개발에 거의 모든 시간을 할애할 수밖에 없는 것이 현실이다. 나의 경험으로도 대부분의 시간을 신제품개발이나 기존제품의 개선에 사용하였다. 그러나 연구원이라면 기초연구 역시 포기할 수 없는 고유의 업무다.

연구(研究)와 작업(作業)의 차이는 무엇인가? 연구란 기존에 없던 것이거나 모르던 것을 찾아내고, 밝혀내는 정신적인 노동이다. 이것은 응용연구나 개선연구에도 해당되는 말이다. 그에 비하여 작업이란 기존에 정해진 대로 반복하여 수행하는 육체적 노동을 의미한다. 연구원이 머리를 쓰지 않고 기존에 해왔던 방식대로 답습한다면 이는 작업자에 불과하다.

연구원은 항상 새로운 것을 탐구하고 자신의 연구개발 결과물에서 성취감을 느낄 줄 알아야 좋은 연구를 할 수 있다. "회사에서 월급 외에는 가지고 가는 것이 없는 사람은 불행한 사람이다"라는 말이 있다. 모든 직장인에게 공통적으로 적용되는 이야기이겠지만 특히 연구원이라면 새겨들을 만하다.

나는 오뚜기 연구원 시절에 개발한 '골드마요네스'가 지금도 마트 등에 진열되어 판매되고 있는 것을 보면 시집간 딸이 행복하게 잘 살고 있는 것을 보는 듯 뿌듯함을 느낀다. 그리고 내가 연구원 시절에 정해놓은 실험방법이나 규격 등이 아직도 오뚜기에서 활용되고 있다는 것을 들을 때 후배들에게 떳떳함을 느낀다.

어느 한 분야에서 처음 연구한 사람의 보고서는 먼 후일에 읽어보면 유치한 수준일 수도 있다. 그러나 먼저 연구한 사람의 토대 위에 다음 연구자의 실적이 쌓여 점점 발전해 가는 것이다. 연구원이라면 마땅히 보고서로서 자신의 업적을 남겨야 한다. 제대로 된 보고서 한 장 없는 연구원이라면 그는 연구원의 자격이 없다.

기업의 연구개발 과제는 주로 개발·개선에 관한 것이고, 보통 3가지 경로를 통하여 선정된다. 첫째는 사장님을 비롯한 상사의 지시에 의한 과제이고, 둘째는 영업에서 전달하는 거래처 요구사항이나 클레임 해결과제이고, 셋째는 연구원 자신이 선택한 과제이다.

첫째와 둘째는 타의에 의한 수동적인 과제이기 때문에 상대적으로 셋째 과제보다 성취감을 느끼기 어렵다. 스스로 과제를 선정하려면 항상 소비자의 요구나 시장의 변화에 대해 관심을 가지고 모니터링을 하여야 한다. 그리고 현재 실시되고 있는 생산 공정의 조건이 최선의 것인지 의심하여야 한다.

기초연구는 회사의 영업이익에 바로 반영되기 어렵기 때문에 업무 우선순위에서 밀리기 쉽다. 그러나 연구원이라면 시간을 쪼개서라도 기초연구에서 손을 놓아서는 안 된다. 기초연구의 결과는 당장은 도움이 되지 않더라도 제품을 개발·개선할 때 방향을 잡아주고, 시간을 단축해 주는 지침이 된다.

무엇보다도 연구원이 자긍심과 성취감을 느끼게 되는 것은 개발과제보다는 기초연구를 통해 원하는 결과를 얻었을 때 더욱 크기 때문이다. 나의 경우에는 개발·개선 연구를 하는 중에도 시간을 내어 연구논문을 《한국식품과학회지》에 발표하였으며, 회사 기밀에 속하여 발표하지는 않았으나 내부 보고서로 작성된 것도 여러 건 있다.

연구개발이란 실험계획을 세우고, 계획대로 실제 실험을 하여, 처음 계획하였던 목표를 달성하였는가 확인하고, 목표와 차이점이 있다면 수정하여 다시 실험하는 과정의 반복이다. 실제 실험을 행하는 기간은 길게는 1년 이상 걸리는 것도 있으며, 짧아도 1개월 이상 소요되는 지루한 반복 작업이다. 이를 위해서는 끈기와 성실함이 필수적이다.

흔히 식품기업의 연구원 사이에는 "개발에 착수한 시제품 10개 중에 1개 정도가 제품으로 출시되며, 출시된 제품 10개 중 1개만 시장에서 살아남는다"라는 말이 있다. 경쟁회사 연구원 사이에 누가 많은 실험을 하였고, 얼마나 많이 시제품을 제조하여 보았는가 하는 노력의 결과가 시장에서 판가름이 나게 된다.

실험계획은 예상되는 모든 변수를 포함하여야 하며, 동시에 주어진 근무 시간에 소화 가능한 일정을 고려하여야 한다. 특히 회사의 방침이나 영업의 요구에 의해 마감일이 정해져 있는 경우라면 그 일정에 맞추어야만 한다. 일정 안에 끝내지 못한 연구는 실패한 연구가 되고 만다.

시간을 단축시킬 수 있는 가장 좋은 방법은 자신의 경험을 축적하여 불필요한 실험을 생략하는 것이다. 또 다른 비결은 비슷한 고민을 한 선배들의 실험결과를 참고하는 것이다. 연구원은 모든 것을 알 수는 없다. 그러나 주어진 문제를 해결하기 위한 방안이나, 도움을 줄 수 있는 인맥을 알아두는 것은 많은 도움이 된다.

나의 대학교 교수님 중의 한 분이 졸업을 앞둔 우리에게 "너희가 대학에서 배운 것을 모두 기억할 필요는 없다. 그러나 알고자 하는 내용이 어느 책에 있고, 그 책은 어느 도서관에 있는지만 안다면 졸업장을 받을 자격이 있다"라는 취지의 말씀을 하신 것이 기억난다.

모든 실험에 앞서 자료조사는 필수적이다. 실험계획을 세우기 위해 가장 먼저 할 일은 자료를 조사하는 것이다. 자료에는 참고 문헌, 논문, 특허, 선임자의 보고서 또는 본인의 과거 실험 기록 등이 있다. 이에 못지않게 중요한 것은 원료 및 첨가물 업체 등에서 제공하는 자사제품 소개 자료다. 충분한 자료조사는 시행착오를 줄이고, 성공의 가능성을 높여주는 지름길이다.

연구과제를 접할 때는 무엇보다도 긍정적인 자세가 필요하다. 기업 연구원의 경우 대개의 과제는 스스로 선택한 것이 아니라 타인에 의해 주어진 것이므로 소극적으로 되기 쉽고, 해결하려는 노력을 하기에 앞서 안 되는 이유를 찾기 쉽다. 때로는 자기변명을 합리화하려고 기존의 이론을 거론하기도 한다. 이는 나 자신도 연구원 시절에 자주 겪었던 갈등이기도 하다.

그러나 대부분의 발명과 발견은 기존의 논리를 극복하였을 때 달성되는 것이다. 발상의 전환과 논리의 파괴 없이는 새로운 것이 탄생할 수 없다. 이것을 가능하게 하는 것이 긍정의 힘이고, '할 수 있다'라는 마음가짐이다. 모든 성공한 사람들은 남이 보기에 무모할 정도로 불가능해 보이는 일을 긍정의 힘으로 극복하였다.

이미 눈앞에 어느 정도 답이 보이는 과제는 충분한 시간만 주어지면 누구나 달성할 수 있는 것이며, 그것은 기존의 틀에서 조금 발전한 정도의 성과밖에 거둘 수 없다. 물론 실패할 가능성도 매우 많지만 답이 없어 보이는 과제에 과감히 도전할 때 비약적인 발전을 할 수 있고 눈에 띄는 성과를 이룰 수 있다.

이런 긍정적인 자세와 적극적인 도전 정신은 연구원에 국한된 것은 아니나 연구원이라면 반드시 갖추어야 할 덕목 중의 하나다. 때로는 무모해 보이는 연구를 수행하던 중에 우연히 기대하지 않았던 결과를 얻을 수도 있으며, 그것이 히트 상품이 될 수도 있다. 그런 예의 하나가 미국 3M의 메모지 '포스트잇(Post-it)'이다. 이것은 원래 강력 접착제를 개발하던 중에 실수로 나온 것을 발전시켜 '붙였다 쉽게 떼어낼 수 있다'라는 특징이 있는 제품이 된 것이다.

연구원이라면 새로운 것에 대한 호기심을 가져야 하며, 지금까지 누구도 시도하지 않았던 일에 도전하는 것을 망설여서는 안 된다. 마온(Mahon) 섬의 원주민이 처음으로 마요네즈의 기원이 된 소스를 만들었을 때를 상상해 보라. 최초의 소스는 현재의 마요네즈와는 많이 달랐으며, 들어가는 재료는 난황, 올리브유, 소금, 레몬 과즙 정도가 다였다.

이런 재료는 모두 마온섬에서 쉽게 구할 수 있었으며, 이들을 섞어서 소스를 만들겠다는 생각을 하는 것은 어렵지 않았을 것이다. 모든 원료를 한꺼번에 넣고 혼합하면 일시적으로는 섞일 수 있으며, 야채 등에 끼얹어 먹으면 그냥 먹을 때보다는 맛이 있다.

그러나 이렇게 만든 소스는 야채 등에 잘 묻지 않고 바로 그릇의 바닥으로 흘러내리는 단점이 있다. 여기서 누군가 쉽게 흘러내리지 않고 점성이 있는 반고체상의 소스를 만들 생각을 하게 되었을 것이다. 오늘날의 지식으로는 유화를 응용하면 되지만 당시에는 그런 지식이 없었다.

결국 무수한 실패와 시행착오를 거쳐 난황에 올리브유를 소량씩 첨가하며 저어주어 액상이 아닌 반고체상의 소스를 얻을 수 있었고, 여기에 소금과 레몬 과즙으로 맛을 내었을 것이다. 우리가 오늘날 편리하게 이용하고 있는 마요네즈도 최초에는 이름도 모를 마온섬 원주민의 도전으로 시작된 것임을 잊지 말아야 한다.

연구원은 모든 것을 기록으로 남겨두는 습관을 들여야 한다. 성공하거나 완료된 실험은 당연히 보고서로 작성될 것이나, 실패하거나 중단된 실험도 반드시 기록으로 남겨야 한다. 특히 실패하거나 중단된 실험의 경우 그 사유를 명확히 기록하여야 성공한 실험의 보고서에 뒤지지 않는 좋은 참고자료가 된다.

그리고 어떤 아이디어가 떠오르거나 새로운 것을 알게 되었을 때는 그때그때 기록하는 습관을 들이는 것이 좋다. 사람의 기억력에는 한계가 있고, 반복하여 되새겨주지 않으면 망각하게 된다. 따라서 메모 수준의 기록이라도 남겨두면 기억을 되살리는 데 도움을 주게 된다. 이런 면에서 본받을 만한 사람이 이 책의 맨 앞에서 언급한 고바야시(小林) 박사였다.

이와 관련하여 '백 번 듣는 것보다 한 번 보는 것이 낫다'라는 백문불여일견(百聞不如一見)이란 고사성어(故事成語)를 응용하여 '총명불여둔필(聰明不如鈍筆)'이라고 하셨던 나의 중학교 선생님 중 한 분이 수업시간에 들려준 말씀이 기억난다. 아무리 총명한 사람이라도 기억력에는 한계가 있으니 서툴고 알아보기 힘든 글씨일망정 기록해 두는 것만 못하다는 의미였다.

단순히 기록하는 것에 그치지 않고 연도별, 주제별, 종류별 등으로 구분하여 저장함으로써 필요한 경우 쉽게 찾아볼 수 있도록 파일 관리를 하여야 한다. 파일 관리는 불필요한 자료를 폐기하고, 새로운 자료를 업데이트(update)하는 것을 포함한다. 필요할 때 바로 찾아볼 수 없는 자료라면 없는 것이나 마찬가지다.

오뚜기의 초대 연구소장이었던 최춘언(崔春彦) 박사는 "30분 이내에 찾을 수 없는 자료라면 폐기해 버려라"라고까지 강조하였다. 당시에는 컴퓨터가 널리 활용되기 전이어서 종이로 된 자료가 일반적인 시절이었으므로 '30분 이내'라고 하였으나, 컴퓨터에 파일로 저장하게 되는 지금이라면 '3분 이내'라고 하였을지도 모르겠다.

나는 신입사원 시절 일본 큐피(キユーピー)의 연구소로 기술연수를 갔을 때 그곳 실험실의 벽에 붙어있던 '物洗いは次の実験の始め'라는 표어를 보고 크게 감명 받았다. 우리말로 번역하면 '물건을 세척하는 것은 다음 실험의 시작'이 되며, 이 표어는 내가 연구원 생활을 하는 내내 좌우명이 되었다.

연구원이라면 실험을 시작하려고 하였을 때 필요한 기구나 원료 등을 찾느라고 많은 시간을 허비한 경험이 있을 것이다. 이런 일은 혼자서 사용하는 물품일 때보다 여러 사람이 함께 사용하는 경우에 더욱 자주 발생한다. 이를 방지하려면 실험실에서 사용하는 모든 물품은 지정된 장소를 정하여 실험이 끝나면 항상 제자리에 되돌려 놓는 습관을 들여야 한다. 또한 세척이 필요한 경우라면 반드시 세척하여 건조대 등에 보관하고, 즉시 사용이 가능한 상태를 유지하여야 한다.

기업은 이익을 내지 못하면 도태할 수밖에 없고, 기업의 연구소는 회사 이익에 기여하지 못하면 존재 가치가 없다. 마요네즈의 고객은 당연히 소비자고, 마요네즈를 원료로 사용하는 구매업체다. 기업의 연구원은 고객이 원하는 제품을 적절한 시기에 개발해내야 한다. 그러나 그에 앞서 1차적인 고객은 사내의 생산부서와 영업부서임을 명심하여야 한다. 사내 고객을 만족시키지 못하면 경쟁력 있는 마요네즈가 될 수 없다.

연구원이라고 하여 실험실에만 머물러 있다면 죽은 연구가 되기 쉽다. 생산현장이나 영업현장을 모르면 제대로 된 연구를 할 수 없다. 나의 경우는 회사의 인사발령에 따라 약 2년 동안 생산공장에 근무하여 생산의 경험을 쌓았다. 영업부서에 직접 근무한 일은 없으나, 동절기마다 마요네즈의 동결분리에 대한 교육 및 지도를 위하여 영업지점 및 대리점을 방문하여 그들과 대화하면서 간접적인 경험을 할 수 있었다.

생산현장의 경험이 없었다면 마요네즈의 유화안정성에 영향을 주는 균질기의 간격 및 회전속도, 예비 유화된 마요네즈가 유화기에 정체된 시간에 따른 영향, 난황 중의 난백 혼입률에 따른 영향, 냉동난황의 저장기간에 따른 영향 등에 대한 기초연구는 생각하지 못하였을 것이다.

마지막으로 연구원으로서의 꿈과 큰 포부를 가질 것을 당부하고 싶다. 내가 1988년 일본유지(日本油脂)의 쓰쿠바연구소(筑波研究所)에서 연수를 할 당시 연구소에서 자체 발행한 소식지에 나온 신입사원들에 대한 인터뷰 내용을 보고 큰 충격을 받았다. 장래희망을 묻는 질문에 대한 답변으로 그중 한 명이 "노벨상을 타는 것"이라고 하였기 때문이다.

실제로 일본에는 평범한 회사 사원이면서 2002년에 노벨화학상을 수상한 다나카 고이치(田中 耕一)같은 사람이 있어 앞에서 말한 신입사원의 희망은 단순한 꿈이 아닐 수도 있다. 당시에나 30여 년이 지난 지금이나 우리나라의 신입사원은 그런 희망을 갖고 있는 사람이 드물 것이다. 그러나 연구원이라면 '사장이 되는 것'이라든지 '부자가 되는 것' 등의 세속적인 바람보다는 연구 그 자체를 즐기는 자세가 필요하다.

참고 문헌

- 차가성, 김재욱, 최춘언; 마요네즈 제조시에 난황 사용량에 따른 유화 안 정성의 비교, 한국식품과학회지 제20권 제2호(1988)

- 김재욱, 홍기주, 차가성, 최춘언; 난백 혼입률이 다른 가염 난황의 냉동 저장 중 물성 및 마요네즈 제조 적성 변화, 한국식품과학회지 제22권 제 2호(1990)

- 김재욱, 차가성, 홍기주, 최춘언; 가염량이 다른 난황의 냉동저장 중 물 성 및 마요네즈 제조적성 변화, 한국식품과학회지 제23권 제4호(1991)

- 문동준; Mayonnaise와 Mayonnaise 함유 Salad에 있어서 식중독 세균의 消長, 연세대학교 산업대학원 석사학위 논문(1986)

- 김재욱; 低溫殺菌 및 冷凍貯藏이 加鹽卵黃의 物性變化와 마요네즈 品質 에 미치는 影響, 경상대학교대학원 박사학위 논문(1999)

- 今井忠平; マヨネーズ·ドレッシング入門, 日本食糧新聞社(1990)

- 小林幸芳; マヨネーズ·ドレッシング入門, 日本食糧新聞社(2005)

- 押田一夫; レッシング博士の本, 地球社(1984)

- 安田耕作,福永良一郎,松井宣也; 油脂製品の知識, 幸書房(1977)

- 今井忠平,南羽悅悟; タマゴの知識, 幸書房(1989)